高职高专机械设计与制造专业规划教材

注塑模具设计教程
——Pro/ENGINEER Wildfire 5.0,EMX 6.0

周旭红　张秀玲　编　著

清华大学出版社
北　京

内 容 简 介

Pro/ENGINEER 是美国参数技术公司(PTC)推出的一套 CAD/CAM/CAE 系列参数化软件,广泛用于制造业,如:汽车、船舶、家电、玩具、机械、模具、手机行业中的结构、外观造型以及模具几乎都是以 Pro/ENGINEER 为核心设计软件。

本书将 Pro/ENGINEER 软件与塑料模具设计相结合,融入模具设计师职业标准,外挂 EMX 6.0 塑料模具模架系统,将现代的设计手段运用于设计。本书从 Pro/ENGINEER 注塑模具设计流程及模具分析与检测入手,再进行模具的分型面设计(包含各种分型面的设计方法),由浅入深,进行注射模具设计(调用 EMX 6.0 塑料模具模架),最后进行带滑块的注射模具设计。每个任务后有操作规范考核要求与评价标准。

本书理论与实操高度结合,操作性强,适合作为高职高专模具设计专业的教材,也可以作为模具设计技术人员的参考书。

图书在版编目(CIP)数据

注塑模具设计教程——Pro/ENGINEER Wildfire 5.0, EMX 6.0/周旭红,张秀玲编著. —北京:清华大学出版社,2016

(高职高专机械设计与制造专业规划教材)

ISBN 978-7-302-44213-4

Ⅰ. ①注… Ⅱ. ①周… ②张… Ⅲ. ①注塑—塑料模具—计算机辅助设计—应用软件—高等职业教育—教材 Ⅳ. ①TQ320.66-39

中国版本图书馆 CIP 数据核字(2016)第 152397 号

责任编辑:陈冬梅   李玉萍
装帧设计:王红强
责任校对:王 晖
责任印制:李红英

出版发行:清华大学出版社
　　　　网　　　址:http://www.tup.com.cn, http://www.wqbook.com
　　　　地　　　址:北京清华大学学研大厦 A 座　　　邮　　编:100084
　　　　社 总 机:010-62770175　　　　　　　　　邮　　购:010-62786544
　　　　投稿与读者服务:010-62776969, c-service@tup.tsinghua.edu.cn
　　　　质量反馈:010-62772015, zhiliang@tup.tsinghua.edu.cn
　　　　课件下载:http://www.tup.com.cn, 010-62791865
印 装 者:北京嘉实印刷有限公司
经　　销:全国新华书店
开　　本:185mm×260mm　　　印　张:10　　　　字　数:238 千字
版　　次:2016 年 8 月第 1 版　　　　　　　　印　次:2016 年 8 月第 1 次印刷
印　　数:1～2500
定　　价:28.00 元

产品编号:062321-01

前　　言

Pro/ENGINEER 是美国参数技术公司(PTC)推出的一套 CAD/CAM/CAE 系列参数化软件。从 1988 年问世至今，Pro/ENGINEER 经历了一系列版本的演变与革新，Wildfire 5.0版丰富的模块及强大的功能使 Pro/ENGINEER 成为当今世界使用最广泛的 CAD/CAM 软件之一。它广泛用于制造业，如：汽车、船舶、家电、玩具、机械、模具、手机行业中的结构、外观造型以及模具几乎都是以 Pro/ENGINEER 为核心设计软件。

模具专业是我院重点建设专业、省级精品专业。本书将 Pro/ENGINEER 软件与塑料模具设计相结合，外挂 EMX 6.0 塑料模具模架系统，将现代的设计手段运用于设计，有利于"塑料成型工艺与模具设计"这门模具设计与制造专业核心课程的理实一体化教学。现在市场上有很多同类书籍，模具设计方面的书籍每年都有大量更新，但是从专业的角度去讲解和剖析模具设计核心的却很少。与同类书籍相比，本书注重理论与实践相结合，实例的设计参数严格按照设计原则进行创建，采用项目教学、任务驱动的方式讲解，深化了"塑料成型工艺与模具设计"课程教学的改革。

同时，本教材还可作为模具专业学生技能抽查、课程设计以及考取模具设计师证的教材，还可作为模具设计师资培训的教材。本书讲述了多种设计方式，每一种方式都进行了深入讲解与操作，从全局观念去讲解模具设计的整个流程，注重每一个细节，读者可以从细节中掌握到模具设计的精华。

本书写作教师团队课程教学经验丰富，主要参与过湖南省模具设计师标准开发以及湖南省中职教师模具制造技术专业考核标准开发、湖南省高职院校模具设计与制造专业技能抽查标准及题库建设。因此，实用性和可行性是本书最大的特点。

读者可以在清华大学出版社网站上下载本书操作的源文件及结果文件，建议读者将下载的所有文件复制到计算机硬盘中进行操作。

编　者

目　　录

项目 1　Pro/ENGINEER EMX 6.0 注射模具设计

【教学时数】 6 学时

【培养目标】

能力目标

会根据不同的塑件及任务要求进行模具检测，包括拔模检测、水线检测、塑件厚度分析、投影面积计算及分型面检测等。

知识目标

(1) 掌握 Pro/ENGINEER 模具设计中的专用术语。

(2) 了解 Pro/ENGINEER 注射模具设计的一般流程。

【教学手段】 任务驱动、理实一体化教学

【教学内容】

任务 1　Pro/ENGINEER 注射模具设计流程

【任务提出】

根据图 1-1 所示按钮塑件(源文件在下载文件 test\ch1\1anniu 中)运用 Pro/ENGINEER 软件进行该塑件注射模具设计的一般流程分析。塑件材料：ABS ，收缩率 0.5% ，尺寸精度 MT7。

图 1-1　按钮塑件三维图

【相关知识】

一、塑料仪表盖注塑件材料及成型工艺分析

1．塑料的组成

树脂：起决定作用
- 天然树脂：如松香、虫胶、沥青等。
- 合成树脂：生产中一般使用。

添加剂：（助剂）
- 填充剂：增量，改性。
- 增塑剂：加强塑性、流动性、柔韧性，改善成型性能，降低刚性、脆性。
- 着色剂：(色料)装饰美观，还能提高光稳定性、热稳定性、耐候性。
- 润滑剂：防止成型过程中粘膜，改善流动性及提高表面光洁度。
- 稳定剂：抑制和防止树脂在加工过程中或使用时产生降解。

2．塑料的分类：按受热呈现的基本行为分

- 热塑性塑料：在特定温度范围内能重复加热软化和冷硬化，只有物理变化而无化学变化，如PE(聚乙烯)、PVC(聚氯乙烯)、PS(聚苯乙烯)等。
- 热固性塑料：受热后成为不溶的物质，再次受热不再可塑，如PF(酚醛)、EP(环氧树脂)等。

3．塑料仪表盖注塑件材料分析

采用 ABS(丙烯腈-丁二烯-苯乙烯共聚物)，又称超不碎胶。

1) 典型应用范围

汽车(仪表板、工具舱门等)、电冰箱，大强度工具(头发烘干机、搅拌机、割草机等)、电话机壳体、打字机键盘、玩具车等。

2) 注塑模工艺条件

干燥处理：ABS 材料具有吸湿性，要求在加工前进行干燥处理，建议干燥条件 80～90℃下最少干燥 2 小时，材料湿度应保证小于 0.1％。

熔化温度：210～280℃，建议 245℃。

模具温度：25～70℃(模温将直接影响塑件光洁度、温度低、光洁度低)。

注射压力：500～1000bar。

注射速度：中高速度。

收缩率：0.3%～0.8%。

3) 化学和物理性能

ABS 呈浅象牙色或白色，不透明，无嗅，无毒，能缓慢燃烧。既有聚苯乙烯的光泽和成型加工性能，又有聚丙烯腈的刚性、耐曲性和优良的机械强度，同时还发挥了橡胶组分的优良冲击强度。ABS 有坚韧、硬质、刚性的特征，电性能良好，耐药品、耐磨，稳定，

易着色。

ABS 可采用注射、挤出、压延、吹塑、真空成型等方法制成品。

4．塑料仪表盖注塑件结构工艺性分析

1) 形状

形状应尽量避免出现倒钩(侧孔、侧凹)。

倒钩：制品侧壁上带有与开模方向不同的内、外侧孔或侧凹等阻碍制品成型后直接脱模，如图 1-2 所示。

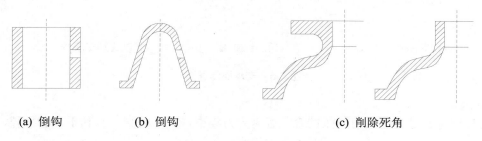

(a) 倒钩　　　　　　　(b) 倒钩　　　　　　　　(c) 削除死角

图 1-2　倒钩示意图

2) 塑料制品的壁厚

壁厚一般应力求均匀。否则往往因冷却或固化速度不同而产生附加应力，在较厚部位产生缩孔或翘曲变形。

实心体易产生缩孔或表面凹坑。

3) 脱模斜度

打开模具取出成型品时，要顶出，为了易于顶出，宜在垂直分模面的制品侧面上设脱模斜度，脱模斜度因树脂种类、成型品形状、肉厚而异，1～2°为宜，实用最小限度0.5°，不过，越大越好。

容器或茶杯之类内外侧都需脱模斜度的，内侧应至少比外侧大出 1°，如图 1-3 所示。

4) 加强筋

设置加强筋，不用增加壁厚，就可使制品强度与刚度得到改善，并能有效地克服翘曲变形。图 1-4 所示为采用加强筋减小壁厚。

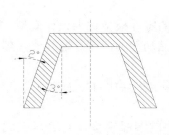

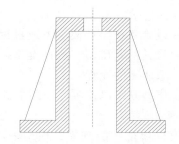

图 1-3　脱模斜度示意图　　　　　　**图 1-4　加强筋示意图**

5）支承面

用整个底平面作支承面是不合理的，因为稍有变形即会造成底面不平，如图1-5所示。

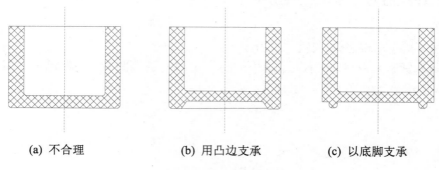

(a) 不合理　　　　　　(b) 用凸边支承　　　　　　(c) 以底脚支承

图1-5　支承面示意图

6）圆角

所有转角应尽可能采用圆弧过渡，避免应力集中，提高强度，有利于充满型腔，便于脱模。

7）孔

孔有通孔、盲孔、形状复杂的孔、螺纹孔等。

8）塑料制品上的标记、符号和文字

塑料制品上的标记、符号和文字有凸字、凹字、凹坑凸字等。

二、Pro/ENGINEER模具设计相关知识

Pro/ENGINEER模具设计主要由Pro/ENGINEER软件系统的【制造】/【模具型腔】和外挂EMX模块来实现，该模块几乎提供了所有模具设计所需要的功能，如设置产品收缩率、创建毛坯工件、模具分型面和模架，以及修改、重新定义和分析模具组件等。

1．Pro/ENGINEER模具设计中的专用术语

Pro/ENGINEER模具设计中有很多专用术语，下面简单介绍一下设计模型、参照模型、工件、模具元件等专用术语。

1）设计模型

产品设计者在零件模块下或直接在模具模式中创建的零件模型称为设计模型。设计模型是模具设计的基础。一般情况下，设计模型中包含产品功能的所有必需元素，但不包含制模或铸造所需的元素。

设计模型既可以在零件模块中直接建立，也可以在模具模块中直接创建。

2）参照模型

将设计模型装配到模具模型中，就成为模具模型中的参照模型，它表示应成型的零件。通常，参照零件几何以设计零件的几何为基础，参照模型包括设计模型中的所有参考基准。在多型腔模具中，每个型腔可以对应不同的参照模型，但所有的参照都与一个共同的单一设计模型相关联。而在组群的模具中，每个型腔的参照模型可以对应不同的

设计模型。

设计模型代表模具模型设计中的参照零件，设计模型的几何特征是参照零件的几何特征的源，但参照零件不是单纯的复制关系，设计零件与参照零件间的关系取决于创建参照零件时所用的方法。

参照模型可以用三种方法进行创建：继承、按参照合并和相同模型。

装配参照零件有三种方法：

(1) 使参照零件继承设计模型的全部几何特征信息。继承可使设计模型的几何特征单向且相关的向参照模型传递。也就是说，修改参照模型不会对原始的设计零件产生更改。继承方法为在不更改设计零件的情况下修改参照零件提供了更大的自由度。

(2) 将设计零件几何复制到参照零件中，也称为按参照合并。装配参照零件时从设计零件中只复制几何特征和层，可以对参照零件应用收缩、创建拔模或倒圆角等其他特征，且这些特征的更改都不会影响设计零件，但设计零件中的所有改变会自动在参照模型中反映出来。

(3) 将设计零件指定为模具或铸造参照零件，这种情况下，它们是相同的模型。

3) 工件

工件代表直接参与材料成型的模具元件的全部体积，也可以理解为模具的毛坯，它完全包含参照模型。工件可以是装配而成的组件，含有多个嵌件，或者是被分割成多个元件的嵌入件。工件可以由系统根据参照模型的尺寸进行自动生成，也可以由用户根据参照模型的几何形状来创建。

4) 模具元件

模具或模具元件是指使熔融材料成形的模具或铸造组件中的元件。模具元件包括所有的参照模型和模块。模具元件是一个真实的装配文件，它是在建立模具模型时自动产生的。

5) 模具几何体

模具几何体是工件和模具元件之间的中间物。该几何体由曲面构成，围成一个封闭的空间。

6) 铸件

铸件是铸造所产生的最终零件。用户可以通过观察铸件，从而发现所生成的铸件是否与设计模型一致。

7) 分型面

为使产品从模具型腔内取出，模具必须分成型芯和型腔两部分，此接口面称为分型面。分型面的位置选择与形状设计是否合理，不仅直接关系着模具的复杂程度，也关系着模具制件的质量、模具的工作状态和操作的方便程度。因此分型面的设计是模具设计中最重要的一步。

分型面的选择受到多种因素的影响，包括产品形状、壁厚、成型方法、产品尺寸、产品尺寸精度、产品脱模方法、型腔数目、模具排气、浇口形式及成型机的结构等。

分型成可以是平面、曲面、阶梯面，可以与开模方向垂直，也可以与开模方向平行。在 Pro/Moldesign 模块中，分型面用于分割工件模型或现有体积块，包括一个或多个参照零件的曲面，如图 1-6 所示。创建分型面时，用户需要注意两个基本要求：分型面不能自身相交，即同一分型面不能自交叠；分型面必须与工件模型或模具体积块完全相交。

图 1-6　分型面

2．Pro/ENGINEER 注射模具设计的一般流程

Pro/ENGINEER 模具设计流程一般是先利用软件系统的【零件】模块构建产品三维模型，然后利用软件系统的【模具型腔】模块来设计模具构件(Mold Component)，如模具型腔、型芯、浇注系统、抽芯机构和滑块机构等，最后设计模架(Mold Base)，如固定模板、导柱导套、顶出机构、复位机构和冷却及加热装置等。模具设计的一般流程如图 1-7 所示。

3．模具设计文件管理

Pro/ENGINEER 模具设计文件管理是模具设计中的重要一环，因为模具设计完成后会生很多文件，管理不当将会浪费时间在文件的查找上，并影响设计思路和设计效率。

1) 模具设计产生的文件

Pro/ENGINEER 模具设计完成后产生下列类型的文件(其中*为文件的命名)：

- * .mfg 模具模块下设计的文件；
- * .asm 所有模具零件的装配文件；
- * .prt 　原始设计文件；
- * _ref.prt 参照零件文件；
- * _work.prt 毛坯工件文件；
- * _female.prt 凹模型腔零件文件；
- * _ male.prt 　凸模型腔零件文件；
- * _molding 铸模零件文件。

在进行模具设计时，各组件的文件名可以由用户自行决定，而文件后缀，如.mfg 文件代表模具制造文件、.asm 文件代表装配文件、.prt 文件代表零件文件。打开相应的文件时，Pro/ENGINEER 系统将调用相应的软件模块来打开该文件。

2) 模具设计文件的一般管理方法

为了科学管理模具设计文件，在利用 Pro/ENGINEER 模具模块进行设计时要养成一个良好的习惯，即将产品的模具设计当成一个项目或是一个工程(Project)来完成，因此，首先要为这个项目建立一个专用的文件夹，将与此项目有关的资料(一般为产品的三维模型零件文件)复制到该文件夹下，并将该文件夹设置为当前工作目录，这样一来，在项目的执行过程(模具设计过程)中产生的文件也会一一存入该文件夹下，使整个设计过程产生的文件一目了然，具体操作步骤如下。

(1) 建立模具专用文件夹。

选择一个盘建立模具专用文件夹，如图 1-8 所示。

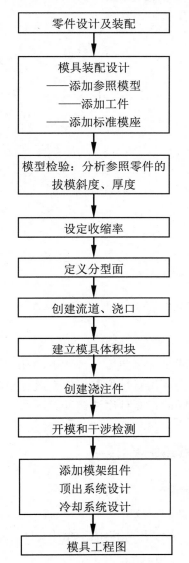

图 1-7　模具设计基本流程图

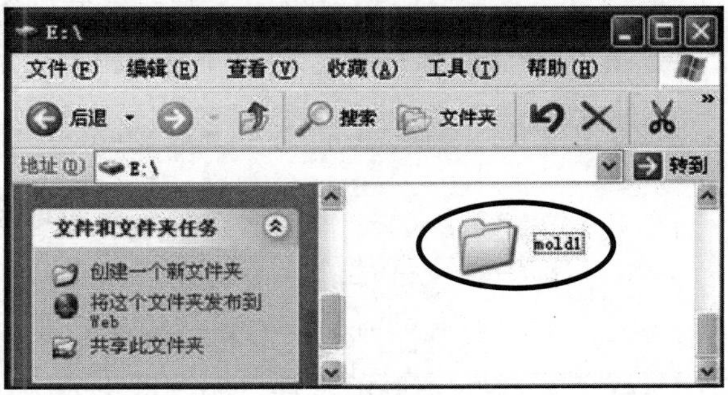

图 1-8　建立模具专用文件夹

(2) 复制相关文件到模具专用文件夹中。

模具专用文件夹建好后，将与此项目有关的资料(一般为产品的三维模型零件文件)复制到该文件夹下。

(3) 设置工作目录。

启动 Pro/ENGINEER Wildfire 5.0 软件系统，执行【文件】→【设置工作目录】菜单命令(见图 1-9)，选择刚刚建立的模具专用文件夹 mold1 文件夹为当前工作目录。

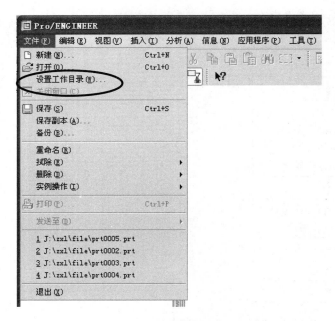

图1-9　设置工作目录

4．模具设计中精度设置

利用 Pro/ENGINEER 系统进行模具设计时，其精度设置尤为重要。Pro/ENGINEER 系统的精度有相对精度和绝对精度两种设置，其默认设置为【相对精度】。但在进行模具设计时，如果仍采用【相对精度】，则可能发生组件元件间的绝对精度冲突问题，系统也将给出如图 1-10 所示组件绝对精度冲突的相关提示。

● 绝对精度值 0.008781448设定用于参照部件MFG0001_REF。

图1-10　组件元件绝对精度冲突提示

因此在进行模具设计前应启动系统的"绝对精度"功能，这样一来在模具设计时由系统根据零件的结构特性自动确定其较合理的绝对精度值，系统此时将给出如图 1-11 所示对精度值提示对话框(不同的零件，系统给出的绝对精度值不同)。

图1-11　绝对精度值设置提示对话框

要启动系统的"绝对精度"功能，只要将配置文件 config.pro 中的 enable_absolute_accuracy 选项值设置为 yes 并保存即可，如图 1-12 所示。

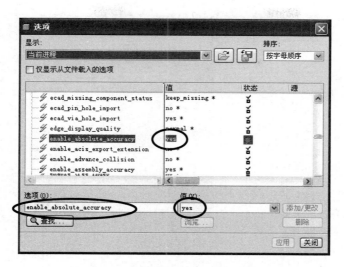

图 1-12　启动系统的"绝对精度"功能

【任务实施】

一、准备工作

根据图 1-1 所示按钮塑件，分析分型面的设计及该塑件注射模具设计的流程。

二、实施步骤

1．Pro/Moldsign 工作界面

选择菜单中的【文件】→【新建】命令或单击【新建对象】按钮，出现如图 1-13 所示的【新建】对话框。选择【制造】类型和【模具型腔】子类型，输入文件名称，不使用默认模板，选择系统提供的 mmns_mfg_mold 模板(即选择公制单位)，如图 1-14 所示。

图 1-13　【新建】对话框

图 1-14　【新文件选项】对话框

单击【确定】按钮，即可启动 Pro/ENGINEER 的模具设计模块，进入模具设计界面，

如图 1-15 所示。它主要由菜单栏、工具栏、绘图窗口、模型树窗口、菜单管理器、消息窗口组成。

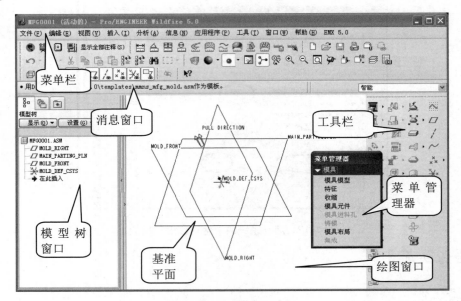

图 1-15 模具型腔工作界面

2. 调入模具参照模型——Ref Model

利用 Pro/ENGINEER 软件系统模具型腔模块下的【模具模型】→【装配】→【参照模型】命令将设计好的产品三维设计模型调入模具设计模块中，如图 1-16 所示。

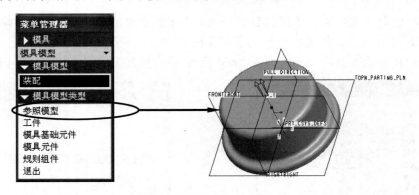

图 1-16 调入模具参照模型

3. 设置收缩率——Shrinkage

选择菜单中的【模具】→【收缩】命令，根据塑料件所采用的塑料材料性质设置塑件的收缩率，如图 1-17 所示。常用材料 ABS 的收缩率为 0.004～0.007，其他材料的收缩率可以查看相关的材料手册。

(1)【按尺寸】：选择此命令，系统将按尺寸来设置收缩，且提供 1+S 和 1/(1-S)两种计算公式来计算收缩率，最常用的公式为 1+S，其中的 S 为收缩率，例如一个 100(长)×

100(宽)×50(高)的塑件，收缩率设置为 0.005，即 0.5%后，其模型尺寸扩大为 100.5(长)× 100.5(宽)×50.25(高)。

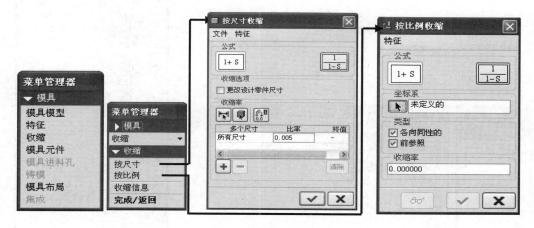

图 1-17 设置收缩率

- 【更改设计零件尺寸】：选中此复选框，系统将收缩率反映到原设计零件上(即原设计零件的尺寸也会更改)，否则，收缩率仅反映在模具组件上。
- 【所有尺寸】：此项为系统的默认设计，即收缩率影响到参照模型上的所有尺寸。
- 【比率】：此栏用于输入所采用塑料材料的收缩率。
- ：单击此按钮，用户可以选择参照模型上的某一个尺寸来设置收缩，而其他的尺寸保持不变。
- ：单击此按钮，用户可以选择参照模型上的一个特征来设置收缩率，而其他的尺寸保持不变。
- 单击此按钮，尺寸在数字显示项、符号显示项之间切换。
- 【清除】：单击此按钮，取消参照模型所设置的收缩率。

(2)【按比例】：选择此命令，系统将按坐标系来设置收缩率。

- ：单击此按钮，用户可以选择设置收缩率的坐标系。
- 【各向同性的】：选中此复选框，零件模型 X、Y、Z 三个方向的收缩率相同，否则，需要用户分别输入 X、Y、Z 三个方向的收缩率。
- 【前参照】：选中此复选框，模型的收缩率与前一模型设置的收缩率相同。
- 【收缩率】：此栏用于输入所采用塑料材料的收缩率。

4．装配/创建毛坯工件——Workpiece

装配/创建毛坯工件的方法：

(1) 选择菜单中的【模具模型】→【装配】→【工件】命令将设计好的毛坯工件装配进来。

(2) 选择菜单中的【模具模型】→【创建】→【工件】→【手动】命令，手动创建毛坯工件如图 1-18 所示。

(3) 选择菜单中的【模具模型】→【创建】→【工件】→【自动】命令或单击 图标，系统将弹出如图 1-19 所示的【自动工件】对话框，可以设置毛坯工件的形状、输入毛坯工件 X、Y、Z 方向的尺寸或统一偏距尺寸等。

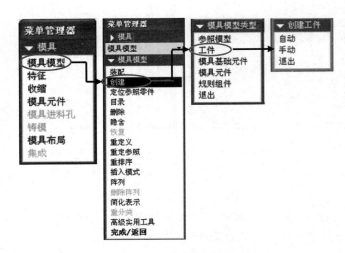

图 1-18　创建毛坯工件命令

图 1-19　【自动工件】对话框

未安装 Mold Component Catalog 模块时(见图 1-20)，只能采用【手动】命令创建毛坯工件。

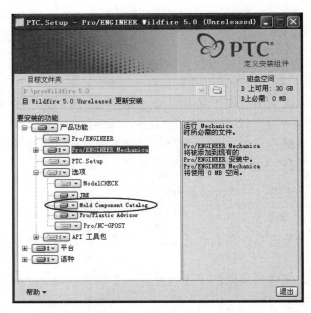

图 1-20　模具组件模块的安装选项

采用【自动】或【手动】命令创建的毛坯工件如图 1-21 所示。

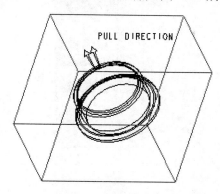

图 1-21　创建毛坯工件

5．设计分型面——Parting Surf

在菜单中选择【插入】→【模具几何】→【分型曲面】命令(见图 1-22)或单击工具栏中的【分型曲面工具】按钮 ，设计分型面，如图 1-22 所示。

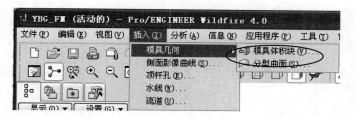

图 1-22　设计分型面命令

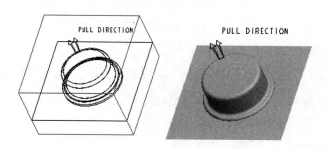

图 1-23　设计分型面

6．分割模具体积块——Mold Volume

在菜单中选择【编辑】→【分割】命令(见图 1-24)或单击分割为新模具体积块工具命令，用分型面将毛坯工件分割为各自独立的模具体积块。一般使用【两个体积块】和【所有工件】选项，将整个毛坯工件拆为两个型腔，若有型芯时，则先使用【两个体积块】选项，将型腔拆分为前后两个型腔，若含斜销或滑块时，则选择【一个体积块】和【模具体积块】选项，以斜销或滑块分型面将斜销或滑块从前模型腔(或后模型腔)中拆出。

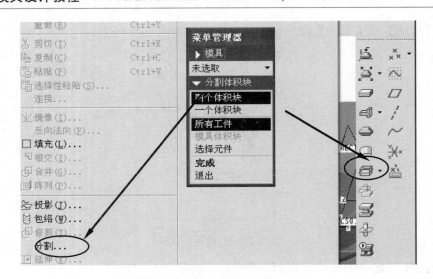

图 1-24　分割模具体积块命令

分割后的上、下模具体积块如图 1-25 所示。

上模体积块(cavity)

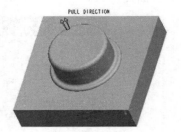

下模体积块(core)

图 1-25　分割模具体积块

7．抽取模具元件——Mold Copm

　　选择菜单中的【模具元件】→【抽取】命令(见图 1-26)，或单击图标工具，将前面分割的模具体积块生成独立的模具元件，抽取的模具元件如图 1-27 所示，可以单击鼠标右键将其打开进行修改和重定义等操作。

图 1-26　抽取模具元件命令

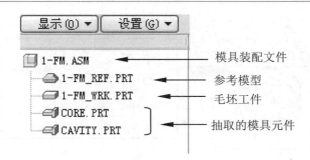

图 1-27　抽取产生的模具元件

8．浇注系统设计——Sprue、Runner、Gate、Water Line

浇注系统设计包括主流道设计(Sprue)、分流道设计(Runner)、浇口设计(Gate)和水线设计(Water Line)。选择菜单中的【特征】→【型腔组件】→【实体】→【切减材料】命令(见图 1-28)，进行主流道设计。

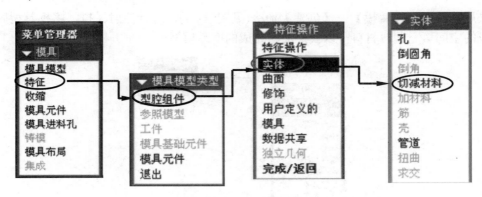

图 1-28　主流道设计命令

分流道、浇口和水线设计可以采用主流道的设计方式，也可以用【特征】→【型腔组件】→【模具】→【水线】或【流道】命令(见图 1-29)，进行自动设计。需要注意的是，采用此方式进行设计的前提是在安装 Pro/ENGINEER Wildfire 系统时选择了【选项】下的 Mold Component Catalog 模块，未安装该模块时无法采用此方式进行分流道、浇口和水线的设计，只能采用切减材料的方式设计，用户可以临时添加安装 Mold Component Catalog 模块，如图 1-20 所示。设计出的主流道、浇口和水线如图 1-30 所示。

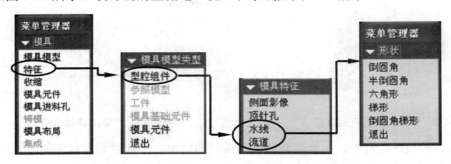

图 1-29　分流道、浇口和水线自动设计命令

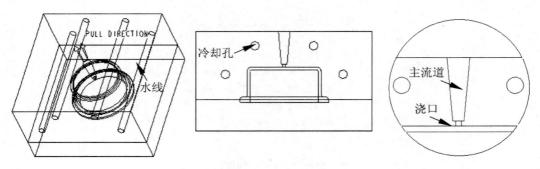

图 1-30　主流道、浇口和水线设计

提示：型腔上的流道仅仅是分流道，主流道部分设在浇口套上，浇口套的设计将在项目 3
中介绍。

9．铸模——Molding

选用菜单中的【铸模】→【创建】命令(见图 1-31)，进行注射模拟，将模具型腔和浇
道形成的空间填充塑料材料，以模拟浇注完成的产品模型。

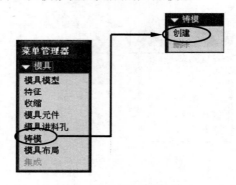

图 1-31　铸模命令

铸模完成的产品模型(见图 1-32)(在实际的生产中铸模顶部的浇口凝料会自动拉断，不
会附着在产品模型上)，产生独立的模具组件，如图 1-33 所示。

图 1-32　铸模完成的产品模型

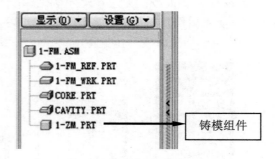

图 1-33　产生的铸模组件

在实际的设计过程中，也会碰到铸模不成功的情况，一般主要有以下两方面的原因。

● 分型面设计有问题。

- 原始零件是由其他软件转过来的 IGES 格式文件，而 IGES 格式模型中存在破孔，修补并不完整，仍有微小破孔存在。

10．开模——Mold Opening

选择(见图 1-34)【模具进料孔】→【定义间距】→【定义移动】命令进行开模模拟。

图 1-34　开模命令

开模功能包括以下内容。

- 定义间距：定义开模的步骤。
- 删除：删除某一个开模步骤(未产生开模步骤前，删除、修改、修改尺寸、重新排序及分解功能暂时屏蔽)。
- 删除全部：删除全部的开模步骤。
- 修改：更改开模步骤。
- 修改尺寸：修改开模时模具组件移动的距离。
- 重新排序：更改开模顺序。
- 分解：逐步查看开模动作。
- 定义移动：定义移动的零件、方向及移动距离。
- 拔模检测：检测开模时是否有倒钩现象。
- 干涉：检测开模时各零件间是否存在干涉现象。

一般的开模操作步骤如下。

(1) 定义开模步骤 1 的零件及方向，如图 1-35 所示。

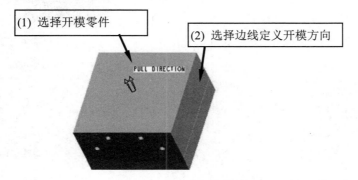

图 1-35　定义开模零件及方向

(2) 输入开模步骤 1 的移动距离，如图 1-36 所示。

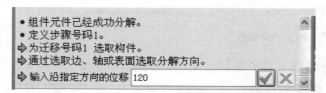

图 1-36　输入开模步骤 1 的移动距离

(3) 产生第一个开模动作，如图 1-37 所示。

(4) 定义开模步骤 2 的零件及方向，如图 1-38 所示。

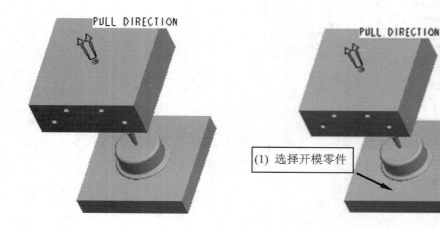

图 1-37　产生第一个开模动作　　　　　　　图 1-38　定义开模零件及方向

(5) 输入开模步骤 2 的移动距离，如图 1-39 所示。

(6) 产生第二个开模动作，如图 1-40 所示。

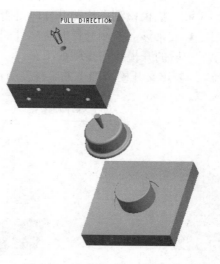

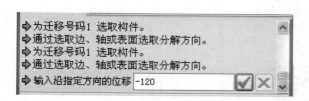

图 1-39　输入开模步骤 2 的移动距离　　　　图 1-40　产生第二个开模动作

11．模架设计

Pro/ENGINEER Wildfire 5.0 的模架设计可以直接用外挂模块 Mold Base 或 EMX 6.0，通过选择相应的模架型号进行装配，非常方便快捷。但这要求得到外挂模块的许可证方可使用，对没有许可证的用户可以利用如图 1-41 所示【模具模型】→【创建】→【模具基础元件】命令，手动设计模架中的各零件，也可以进入装配件模块进行模架设计，本书采用 EMX 6.0 外挂添加模架，如图 1-42 所示。

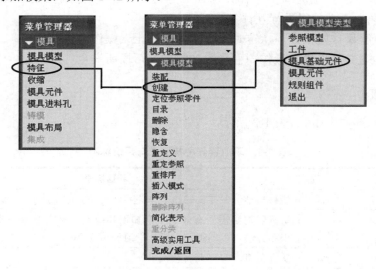

图 1-41　模架设计命令

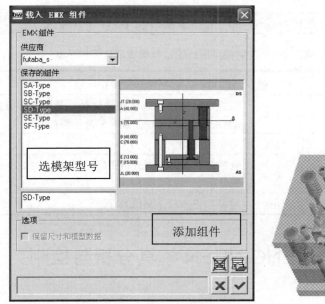
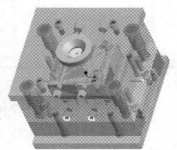

图 1-42　通过 EMX 6.0 外挂添加模架

三、任务要求

根据如图 1-1 所示按钮塑件分析其分型面的设计，同时运用 Pro/ENGINEER 软件进行该塑件注射模具设计的一般流程分析。

四、注意事项

(1) 指导老师进行现场理实一体化教学，学生一人一台电脑在模具设计中心完成任务，同时要求学生 4 人一组进行互评、互助。

(2) 注意电脑操作规范，注意定时保存文件，防止误操作丢失文件。

(3) 认真学习并严格遵守操作规程，主动维护学习场所安全、卫生。

五、任务考核

任务考核标准如表 1-1、表 1-2 所示。

表 1-1　职业素养考核要求与评价标准

考核内容	权　重	考核标准
团队精神	30%	能够与学员保持良好的合作关系，协助完成工作
安全意识	30%	认真学习必需而有效的安全知识和技能，掌握基本的安全科学技术知识和方法，主动维护生活、学习场所安全
责任心	20%	认真负责，有主人翁意识
职业行为习惯	20%	能认真学习并严格遵守操作规程，认真研修知识、技能的每个细节

说明：后述所有任务的职业素养考核要求与评价标准都同表 1-1，不再重复。

表 1-2　Pro/ENGINEER 注射模具设计流程考核要求与评价标准

考核内容	考 核 点	权　重	考核标准
按钮塑件分型面设计及注射模具设计流程分析(100%)	任务分析	20%	根据产品用途，选择塑件材料，分析塑件成型工艺，塑件的结构工艺性及模具的总体结构合理
	分型面设计	30%	分型面设计合理
	注射模具设计流程分析	40%	注射模具设计流程分析正确，每少一步扣 10 分，扣完为止
	三维软件运用	10%	电脑操作规范，文档的存储正确，三维软件运用准确

任务 2　Pro/ENGINEER 模具分析与检测

【任务提出】

根据图 1-43 所示仪表盖塑件(源文件在下载文件 test\ch1\2yibiaogai 中)运用 Pro/ENGINEER 软件进行该塑件注射模具分析与检测。塑件材料：ABS，收缩率 0.5%，尺寸精度 MT7。

图 1-43　仪表盖塑件三维图

【相关知识】

在设计模具前，需要对制品进行分析和检测，例如拔模斜度检测、厚度检查、制品投影面积和分型面检查等，以提前发现模具设计过程中的错误，从而提高模具设计的效率，减少设计过程中的错误。

1．拔模分析

拔模检测是为了确定模型内部的零件能否顺利从型腔中脱模。拔模检测必须要指定一个拔模角度和开模方向。为了确定所选制品的曲面是否要进行拔模斜度的设置，系统会检测垂直于零件曲面的平面与开模方向之间的角度。

使用拔模检测可以确定模型内的零件是否适合拔模，以使模具或铸造零件能够顺利地抽取，且产品不会变形。拔模检测是以用户定义的拔模角和拉出方向为检查依据。

2．水线分析

水线用于传输冷却液，以冷却熔融材料。通过【水线分析】命令可以对水线与坯料或注射件之间的间距进行检测，避免水线与坯料或注射件之间的间隙过小而产生冷却不均匀的现象。系统会根据用户输入不同的参数产生不同的结果，并以不同的颜色显示出来。

3．壁厚检测

厚度检测用于检测参照模型的厚度是否有过大或过小的现象。厚度检测也是检测及拆模前必须做的准备工作之一，有两种方式：平面和切片。

壁厚设计时应考虑到塑件成型时的工艺性要求，如对熔体的流动阻力、顶出时的强度和刚度等，在满足工作和工艺要求的前提下，应当尽量减小塑件壁厚并保持壁厚均匀。

4．投影面积分析

塑料熔体充满模具型腔时，会产生一个很大的力，使模具有沿分型面胀开的趋势，这个力通常被称为胀模力。正因为胀模力的存在，在模具设计中就需要进行锁模力的校核，以锁模力来压制胀模力，也就是说锁模力必须大于胀模力。胀模力可以由塑件和浇注系统在分型面上的投影面积之和乘以型腔内塑料熔体的压力得到，因此，在模具设计时必须进行投影面积的计算。

投影面积分析用于检测参照模型在指定方向的投影面积，为模具设计与分析提供依据。可通过使用 Pro/ENGINEER 软件计算投影面积的功能来对分型面的投影面积进行计算。

5．分型面检测

分型面检测用于检查分型面是否有相交的现象，也可用以确认分型面是否有破孔以及检测分型面的完整性。

【任务实施】

一、准备工作

根据图 1-43 所示仪表盖塑件，打开 Pro/ENGINEER，设置好工作目录，并初步进行模具检测分析。

二、实施步骤

1．塑料仪表盖拔模斜度检测

在模具设计前，利用系统提供的分析功能对仪表盖塑件进行拔模斜度检测，拔模检测是以用户定义的拔模角和拉出方向为检查依据。如果拔模检测以一侧为基准，那么被完全拔模的曲面就会以洋红色显示。如果拔模检测以两侧为基准，那么一侧就会显示洋红色，另一侧显示蓝色，系统也以一个颜色范围显示零件表面的实际拔模斜度与指定值之间的差异。

(1) 打开 ch1\finish\yibiaogai\MFG0001.mfg(见图 1-44)文件，遮蔽其他零件，只剩下MFG0001_REF.PRT 参照模型。

(2) 选择【分析】→【模具分析】命令，弹出【模具分析】对话框，如图 1-45 所示，操作选项如下：

① 选择分析类型。【类型】→【拔模检测】选项。

② 选择分析曲面。【曲面】→【选取】按钮🔖→再选参照模型 MFG0001_REF.PRT。

③ 定义拖动方向。【拖动方向】→【反向方向】改变方向，使拔模方向向下。

④ 设置拔模角度。【角度选项】→【单向】，输入角度 2。

⑤ 单击【显示】按钮，弹出图 1-46 所示【拔模检测－显示设置】对话框，单击【双色着色】→【确定】按钮。

⑥ 单击【计算】按钮，进行拔模计算，计算完成后的拔模检测结果将以色阶分布形式在模型上显示出来，同时还会出现一个颜色范围对照窗口，供比较验证，如图 1-47所示。

从图 1-46 中可以看到，系统以两种颜色来显示拔模检验：紫红色和绿色。其中紫红色表示正值区和较大拔模角度(达到 90°)；绿色表示负值区和较小的拔模角度(达到-90°)。

图 1-44　参照模型

图 1-45　【模具分析】对话框

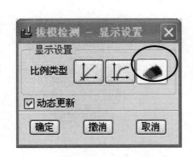

图 1-46　【拔模检测–显示设置】对话框

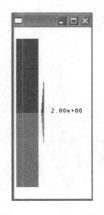

图 1-47　拔模检测的结果

2．水线分析

(1) 设工作目录 D:\ch1\finish\anjian，打开 D:\ch1\finish\3anjian\anjian.mfg 文件。

(2) 选择菜单中的【分析】→【模具分析】命令，弹出【模具分析】对话框(见图 1-48)，操作选项如下：

① 选取分析类型。将【类型】设为【等高线】(注：此处应翻译为"水线")。

② 选取零件。单击【零件】选项组中的【选取】按钮，再选取工件(MFG0001_WRK.PRT)。

③ 定义水线。将【等高线】设为【所有等高线】。

④ 设置最小间隙选项。将【最小间隙】设为 3。

最小间隙是指水线距离工件和参考模型之间的最小距离，可根据自己的需要输入相应的检测数值。在工件上显示的结果如图 1-49 所示。

⑤ 单击【计算】按钮，此时系统开始进行分析，在工件上以色阶分布的方式显示出结果。参照模型中的紫红色区域表示小于输入的最小间隙值，绿色区域表示大于输入的最

小间隙值。

图 1-48　【模具分析】对话框

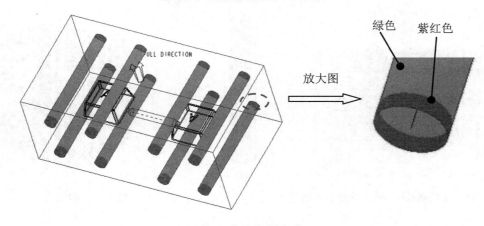

图 1-49　水线检测结果

(3) 保存分析结果。

(4) 单击【关闭】按钮，完成水线分析。

3．壁厚检测

厚度检测用于检测参照模型的厚度是否有过大或过小的现象。在 Pro/E 中进行模具设计前，必须利用系统提供的分析功能对参照零件进行壁厚检测，以确保参照零件的壁厚符合设计要求。

厚度检测方式有两种：平面和切片。平面检测法是以已存在的平面为基准。检测该基准平面与模型交截处的厚度，这是较为简单的检测方法，但一次仅能检测一个截面的厚度。切片检测法是通过切片的产生来检查零件在切片处的厚度，切片法的设定较为复杂，但可以一次检验较多的剖面。

1) 指定平面

在检测所选平面的厚度，只需拾取要检测其厚度的平面，并输入最大和最小厚度值，Pro/ENGINEER 将创建通过每一所选平面的横截面，并检测这些截面的厚度。

(1) 设工作目录 D:\ch1\finish\yibiaogai，再打开 D:\ch1\finish\yibiaogai\MFG0001.mfg。

(2) 选择【分析】→【厚度检测】命令，弹出【模具分析】对话框，如图 1-50 所示，操作选项如下：

① 单击【零件】选项组中的【选取】按钮，选取模型零件。

② 单击【平面】选项组中的【选取】按钮，选取 MOLD_FRONT 基准平面。

③ 在【厚度】选项组中输入【最大】和【最小】值。

④ 单击【计算】按钮，进行模型厚度检测，检测结果如图 1-51 所示。然后单击【关闭】按钮退出厚度检测。

图 1-50　设置模型分析选项和参数

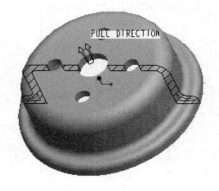

图 1-51　模型厚度检测结果

2) 平行层切面

使用平行层切面检查厚度。在【模具分析】对话框(见图 1-52)中单击【层切面】按钮，在模型中选取层切面的起点和终点，还需要指定一个与层切面平行的平面，指定层切面偏距尺寸和要检测的最小和最大厚度，单击【计算】按钮，系统将在【结果】列表框中显示分析结果。平行层切面检测显示结果如图 1-53 所示。

4．投影面积分析

使用计算投影面积的功能来对分型面的投影面积进行计算。

(1) 选择菜单中的【分析】→【投影面积】命令，打开【测量】对话框，如图 1-54 所示。

(2) 在【图元】下拉列表框中选择【面组】方式，如图 1-55 所示。

（3）选取分型面，如图 1-56 所示。

（4）单击【计算】按钮，分析的结果如图 1-57 所示。

图 1-52　设置层切面参数

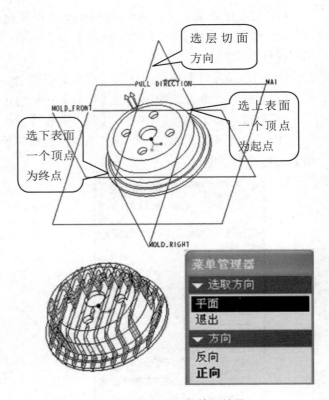

图 1-53　平行层切面检测结果

（5）在【名称】文本框中输入文件名，单击【保存】按钮，保存分析结果，如图 1-58 所示。

图 1-54　【测量】对话框

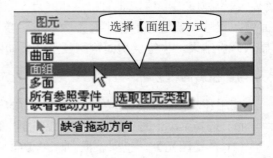

图 1-55　图元方式

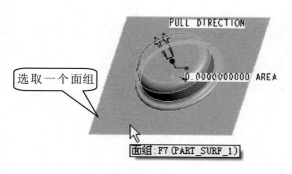

图 1-56　分型面

图 1-57　计算结果显示

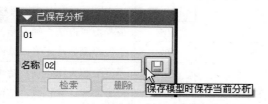

图 1-58　保存分析结果

5．分型面检测

选择菜单中的【分析】→【分型面检查】命令，如图 1-59 所示，可以进行曲面自相交和轮廓检查，结果如图 1-60 所示。

图 1-59　零件曲面检测菜单

图 1-60　轮廓检查

自交检测：由于分型面要求不能与自身相交，因此此项主要是检测分型面是否自交。

轮廓检测：检查分型面的围线以确定其围成的平面上是否有破孔。

三、任务要求

运用 Pro/ENGINEER 软件进行仪表盖及按键塑件注射模具分析与检测，包括拔模检测、水线检测、厚度检测、投影面积计算及分型面检测。

四、注意事项

(1) 指导老师进行现场理实一体化教学,学生一人一台电脑在模具设计中心完成任务,同时要求学生 4 人一组进行互评、互助。

(2) 注意电脑操作规范,注意定时保存文件,防止误操作丢失文件。

(3) 认真学习并严格遵守操作规程,主动维护学习场所安全、卫生。

五、任务考核

任务考核标准如表 1-3 所示。

表 1-3　仪表盖及按键塑件注射模具分析与检测考核要求与评价标准

考核内容	考核点	权重	考核标准
仪表盖及按键塑件注射模具分析与检测(100%)	拔模检测	20%	拔模检测方法正确,结论完整
	水线检测	20%	水线检测方法正确,结论完整
	厚度检测	20%	厚度检测方法正确,结论完整
	投影面积计算	20%	投影面积计算正确,结论完整
	分型面检测	20%	分型面检测方法正确,结论完整

小　　结

本项目介绍了注塑件的结构工艺性分析,包括注塑件的形状、壁厚、脱模斜度、加强筋、支承面、圆角、孔、塑料制品上的标记、符号和文字等的分析。同时,还介绍了Pro/ENGINEER 注射模具设计的一般流程。

本项目的重点是运用 Pro/ENGINEER 软件进行模具分析与检测,包括拔模分析、水线分析、壁厚检测、投影面积分析、分型面检测等。

练　　习

1. 根据图 1-61 所示兔子塑件(源文件在下载文件 test\ch1\lianxi1\1 中)运用 Pro/ENGINEER软件进行该塑件注射模具设计的一般流程分析。塑件材料:ABS,收缩率 0.5%,尺寸精度MT7。

图 1-61　兔子塑件三维图

2．根据图 1-62 所示飞机塑件(源文件在下载文件 test\ch1\1ianxi1\2 中)运用 Pro/ENGINEER 软件进行该塑件注射模具设计的一般流程分析。塑件材料：ABS，收缩率 0.5%，尺寸精度 MT7。

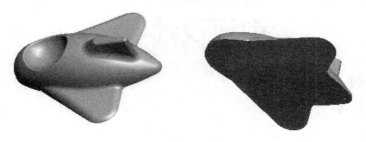

图 1-62　罩壳塑件三维图

3．根据图 1-63 所示塑件(源文件在下载文件 test\ch1\1ianxi1\3 中)运用 Pro/ENGINEER 软件进行该塑件注射模具设计的一般流程分析。塑件材料：ABS，收缩率 0.5%，尺寸精度 MT7。

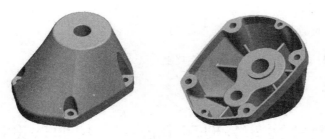

图 1-63　塑件三维图

4．根据图 1-64 所示塑件(源文件在下载文件 test\ch1\1ianxi1\4 中)运用 Pro/ENGINEER 软件进行该塑件注射模具设计的一般流程分析。塑件材料：ABS，收缩率 0.5%，尺寸精度 MT7。

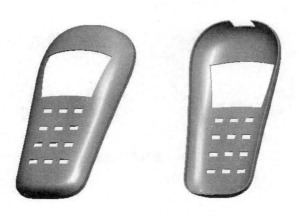

图 1-64　塑件三维图

项目2 Pro/ENGINEER 注射模具分型面设计

【**教学时数**】44 学时

【**培养目标**】

能力目标

(1) 会根据不同的塑件及任务要求运用 Pro/ENGINEER 进行注射模分型面设计。

(2) 会灵活运用不同的分型面设计方法进行分型面设计,包括拉伸法、复制延伸法、填充法、阴影法、裙边法、体积块法、滑块分型法及斜销分型法。

知识目标

(1) 掌握分型面的定义。

(2) 掌握注塑模具分型面设计的基本原则。

【**教学手段**】任务驱动、理实一体化教学

【**教学内容**】

任务 1 蘑菇塑件分型面设计——拉伸法设计分型面

【**任务提出**】

根据图 2-1 所示蘑菇塑件(源文件在下载文件 ch2\1mogu 中)在 Pro/ENGINEER 软件中运用拉伸法进行分型面设计。塑件材料:ABS ,收缩率 0.5%,尺寸精度 MT7。

图 2-1 蘑菇塑件三维图

【**相关知识**】

1. 分型面定义

一副注射模具分成动模和定模两个部分,这两个部分由导向机构导向与定位。动模和定模的接触面称为分型面,也叫合模面。在一般情况下,模具分型后,由此可以取出塑件

和浇注系统凝料(点浇口浇注系统凝料除外)。蘑菇塑件分型面如图 2-2 所示。

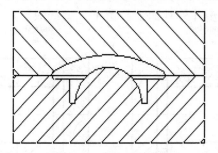

图 2-2　蘑菇塑件分型面

一副模具根据需要可能有一个或两个以上的分型面，分型面可以是垂直于合模方向，也可以与合模方向平行或倾斜。

2．分型面的选择原则

(1) 分型面应选在塑件外形最大轮廓处。

塑件在动、定模的方位确定后，其分型面应选择在塑件外形的最大轮廓处，否则塑件会无法从型腔中脱出，这是最基本的选择原则。

分析图 2-3 中三个不同塑件可见，A 分型面选在塑件外形最大轮廓处，合理。B 处分型则造成塑件脱模困难。

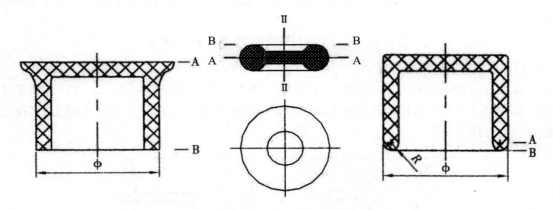

图 2-3　分型面选择应利于塑件脱模

(2) 分型面应有利于塑件的顺利脱模，尽可能地使塑件在开模后留在动模一侧。

由于注射机的顶出装置在动模一侧，所以分型面的选择应尽可能地使塑件在开模后留在动模一侧，这样有助于在动模部分设置推出机构，否则在定模内设置推出机构就会增加模具的复杂程度。如图 2-4 所示，(a)图结构在分型后由于塑件收缩包紧在型芯上而导致塑件留在了定模，不合理；(b)图结构分型后塑件留在动模，直接利用注射机的顶出装置即可容易地推出塑件，合理。

(3) 分型面应满足塑件的外观质量要求。

分型后，塑件在分型面处会不可避免地留下溢流飞边的痕迹，因此分型面最好不要设在塑件光亮平滑的外表面或带圆弧的转角处，以免对塑件外观质量产生不利的影响。
如图 2-5 所示，分型面 a 在塑件外观面上会留下分型线痕迹，不合理；分型面 b 合理。

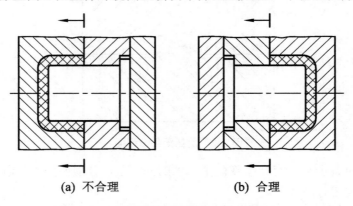

(a) 不合理　　　　　　　　(b) 合理

图 2-4　尽可能地使塑件在开模后留在动模一侧

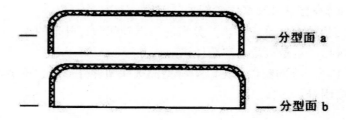

图 2-5　分型面的选择要满足塑件表面质量的要求

(4) 分型面应有利于排气。

在设计分型面时应尽量使充填型腔的塑料熔体料流末端在分型面上，这样有利于排气。如图 2-6(a)中的结构，料流的末端被封死，故排气效果较差；图 2-6(b)中的结构在注射过程中对排气有利。

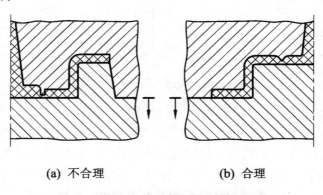

(a) 不合理　　　　　　　　(b) 合理

图 2-6　分型面的位置要有利于模具的排气

(5) 分型面应保证塑件的精度要求。

如对于同轴度要求较高的塑件外形或内孔，为了保证其精度，应尽可能将它们设置在同一侧模具的型腔内，如图 2-7 所示，(a)图由于双联齿轮分别在分型面两侧的动模板和定模板内成型，由于制造精度和合模精度的影响，该双联齿轮的同轴度将得不到保证，不合理；(b)图塑件在同一侧型腔内成型，保证了双联齿轮的同轴度，合理。

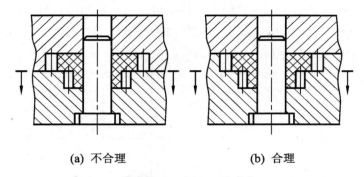

(a) 不合理　　　　　　　　(b) 合理

图 2-7　要满足塑件的精度要求

(6) 分型面要有利于简化模具结构，尽可能地避免侧向分型与抽芯。

如图 2-8 所示，选择 A 分型面合理；若选择 B 分型面，则需设置侧向分型与抽芯机构，增加了模具的复杂程度，不合理。

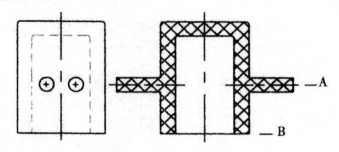

图 2-8　尽可能地避免侧向分型与抽芯

(7) 侧型芯最好留在动模侧，以保证在开模时即可将侧型芯抽出，如图 2-9(b)所示。若侧型芯留在定模侧，则还需增加开模机构来保证侧型芯的抽出。

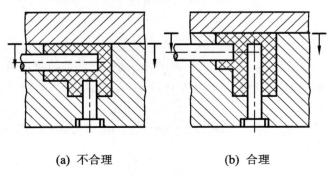

(a) 不合理　　　　　　　　(b) 合理

图 2-9　侧向抽芯的选择

为了保证侧向型芯的放置及抽芯机构的动作顺利，应以浅的侧向凹孔或短的侧向凸台作为抽芯方向，而将较深的凹孔或较高的凸台放置在开合模方向，如图2-9所示。

(8) 选择分型面时还要考虑到型腔在分型面上的投影面积的大小。

如果型腔在分型面上的投影面积的大小接近或超过所选用注射机的最大注射面积就可能产生溢流现象。如图 2-10 所示(a)图，塑件在垂直于合模方向的分型面上的投影面积过大，可能产生溢流现象；改为(b)图减小投影面积，合理。

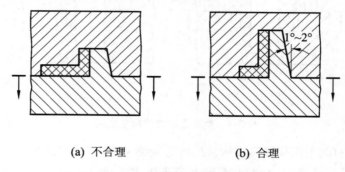

(a) 不合理　　　　　　　　(b) 合理

图 2-10　减小成型面积的分型面选择

(9) 分型面要便于模具的加工制造。

如图 2-11(b)图的斜分型面的型芯部分比(a)图的平直分型面的型芯更容易加工。

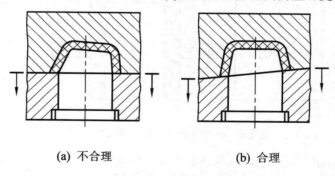

(a) 不合理　　　　　　　　(b) 合理

图 2-11　分型面的选择要便于模具的加工制造

3．分型面的设计方法

在 Pro/ENGINEER 的模具设计中，创建分型面与一般曲面特征没有本质的区别，一般分型面创建方法包括拉伸法、填充法、复制延伸法等，还可采用阴影法、裙边法及体积块法等。

下面是工具栏中快捷按钮的含义和作用(见图2-12)，请务必将其牢记。

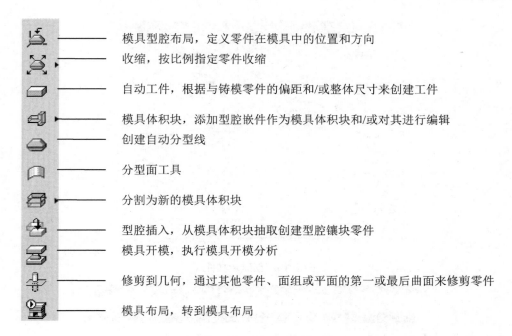

模具型腔布局，定义零件在模具中的位置和方向

收缩，按比例指定零件收缩

自动工件，根据与铸模零件的偏距和/或整体尺寸来创建工件

模具体积块，添加型腔嵌件作为模具体积块和/或对其进行编辑

创建自动分型线

分型面工具

分割为新的模具体积块

型腔插入，从模具体积块抽取创建型腔镶块零件

模具开模，执行模具开模分析

修剪到几何，通过其他零件、面组或平面的第一或最后曲面来修剪零件

模具布局，转到模具布局

图 2-12　分型面设计命令按钮

【任务实施】

一、准备工作

打开 Pro/ENGINEER，设置好工作目录，根据图 2-1 所示蘑菇塑件，初步分析该塑件的分型面形状及分型面设计的方法。

二、实施步骤

1．新建文件

选择菜单栏中的【文件】→【新建】命令或单击工具栏中的 □ 按钮，系统弹出【新建】对话框，如图 2-13 所示，选择【制造】→【模具型腔】命令，取消选中【使用缺省模板】复选框，在【名称】文本框中输入"mogu"，单击【确定】按钮，在弹出的【新文件选项】对话框中选择 mmns-mfg-mold，即选择公制单位，最后单击【确定】按钮，完成新建任务。

2．定义参照模型

(1) 单击右侧工具栏【型腔布局】按钮 ⬚，系统弹出【打开】和【布局】对话框，在【打开】对话框中选择 mogu 文件并打开，此时系统弹出【创建参照模型】对话框，选择【按参照合并】单选按钮，单击【确定】按钮退出此对话框，如图 2-14 所示。

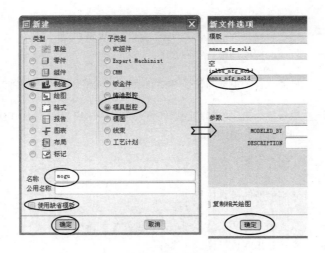

图 2-13　创建新文件

图 2-14　打开参照模型

（2）在【布局】对话框中，单击【参照模型起点与定向】选项组中的 按钮，系统弹出【获得坐标系类型】菜单管理器和零件的参照模型窗口，如图 2-15 所示。

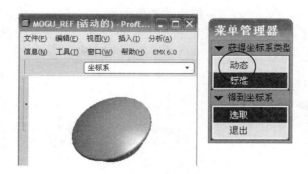

图 2-15　获得坐标系类型

(3) 在【获得坐标系类型】菜单管理器中选择【动态】选项，系统弹出【参照模型方向】对话框，单击【对齐轴】→Z 按钮(Z 轴方向即开模方向)，再单击【选择】按钮，选择塑件的底平面，此时红色箭头朝下，单击菜单管理器中的【反向】→【确定】按钮，如图 2-16 所示。

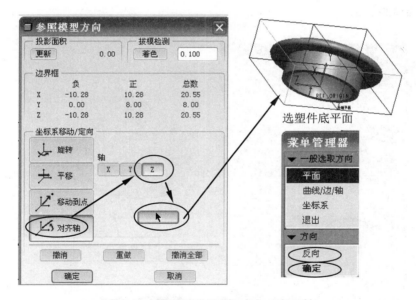

选塑件底平面

图 2-16　参照模型起点与定向对齐 Z 轴

(4) 单击【参照模型方向】对话框中的【平移】→Z 按钮，在【值】中输入"4.65"(蘑菇塑件分型面的 Z 值)，最后单击【确定】按钮(见图 2-17)，返回【布局】对话框。

(5) 返回【布局】对话框后，单击【预览】按钮，查看放置好的参照零件，若符合要求，则单击【确定】按钮，如图 2-18 所示。

3. 自动创建工件

单击右侧工具栏中的【自动工件】按钮，系统弹出【自动工件】对话框，单击对话框中的【模具原点选择】按钮，然后选择模具原点坐标 MOLD_DEF_CSYS，在【统一偏移】文本框中输入"20"(即工件会自动沿塑件轮廓最大外形往四周扩展 20mm)，将整体尺寸 X、Y、+Z 型芯、-Z 型芯文本框中的数值取整(便于型芯、型腔的加工)，单击【预览】按钮，最后单击【确认】按钮，完成自动工件的创建，如图 2-19 所示。

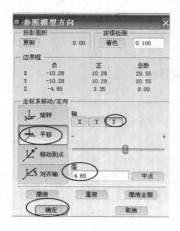

**图 2-17　参照模型起点与
　　　　　定向平移 Z 轴**

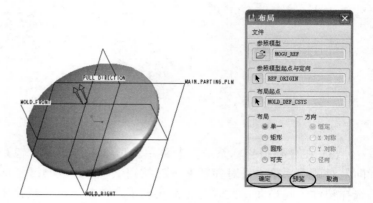

图 2-18　放置完成的参照零件

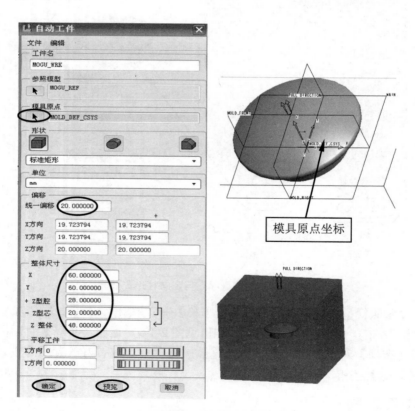

模具原点坐标

图 2-19　创建自动工件

4．设置收缩率

(1) 单击右侧工具栏中的【按尺寸收缩】按钮，单击菜单管理器中的【确认】按钮，系统弹出【按尺寸收缩】对话框，选择【公式】选项组中的 1+S 选项，设计【比率】值为 0.005(收缩率为 0.5%)，取消选中【更改设计零件尺寸】复选框，单击 ✓ 按钮完成收缩率设置，如图 2-20 所示。

(2) 选择菜单管理器中选择【收缩】→【收缩信息】命令，系统弹出收缩信息窗口，如图 2-21 所示。

图 2-20　设置收缩率

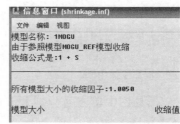

图 2-21　收缩信息

5. 拉伸法设置分型面

(1) 单击右侧工具栏中的【分型面工具】按钮 ⌓，再单击右侧工具栏中的【拉伸】按钮 ⌐，此时系统弹出【拉伸】操控板，选择图 2-22 所示草绘平面和参照平面，绘制图 2-23 所示的截面草图，在草绘工具栏中单击【完成】按钮 ✓。

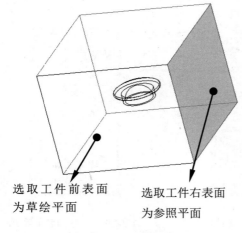

选取工件前表面
为草绘平面

选取工件右表面
为参照平面

图 2-22　定义草绘平面

MAIN_PARTING_PLN 基准平面

草绘直线，两端点分别与
工件的两端边线对齐

图 2-23　截面草图

(2) 设置深度选项。在操控板中选取深度类型 ⊥ (到选定的)，选取图 2-24 所示工件的后表面为拉伸终止面，在操控板中单击【完成】按钮 ✓。最后在工具栏中单击【分型面完成】按钮 ✓，完成分型面的创建，如图 2-25 所示。

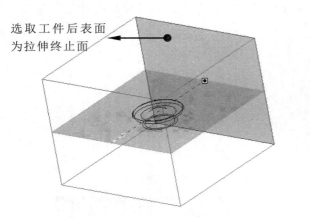
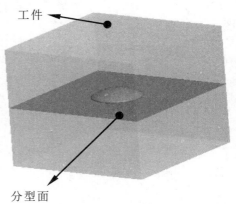

选取工件后表面为拉伸终止面

工件

分型面

图 2-24 选取拉伸终止面   图 2-25 拉伸创建分型面

6．分割模具体积块

(1) 在工具栏中单击【分割】按钮 ☐，在菜单管理器中选择【两个体积块】→【所有工件】→【完成】命令(见图 2-26)，系统出现【分割】对话框，如图 2-27 所示。

(2) 左键选取分型面，单击【选取】对话框中的【确定】按钮，系统出现【岛列表】菜单管理器(见图 2-28)，选中【岛 2】复选框(岛 2 将形成型腔体积块，岛 1 与岛 3 将自动合并形成型芯体积块)，单击【完成选取】，再单击【分割】对话框中的【确定】按钮，系统弹出【属性】对话框(见图 2-29)，单击【着色】按钮，观察此体积块是型腔零件，修改【名称】为 cavity，再单击【确定】按钮，完成第一个体积块创建，如图 2-29 所示。

图 2-26 【分割体积块】菜单   图 2-27 【分割】、【选取】   图 2-28 【岛列表】菜单
　　　　　管理器　　　　　　　　　　　　　对话框　　　　　　　　　　　　管理器

(3) 再次弹出【属性】对话框，使用相同的方法，完成第二个体积块的创建，输入【名称】为 core，此体积块为型芯体积块，如图 2-30 所示。

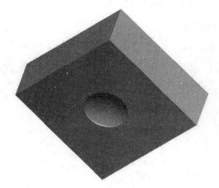

图 2-29　创建的第一个体积块　　　　　　图 2-30　创建的第二个体积块

7．抽取模具元件

下面再来抽取模具体积块，形成模具元件实体。

单击工具栏中的【型腔插入】按钮，系统弹出【创建模具元件】对话框(见图 2-31)，单击【全选】按钮，再单击【确定】按钮，完成型腔、型芯零件的抽取。

8．生成浇注件

选择菜单管理器的【制模】→【创建】命令(见图 2-32)，弹出【输入零件 名称】对话框，在文本框中输入"ZM"，单击【完成】按钮，完成浇注任务，如图 2-33 所示。

图 2-31　【创建模具元件】对话框　　　　图 2-32　【制模】菜单管理器

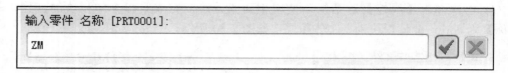

图 2-33　【输入零件 名称】对话框

9．开模操作

(1) 隐藏元件：在模型树中选择工件、参照零件和分型面(见图 2-34)，在右键菜单中选择【隐藏】命令，此时工件、参照零件和分型面将被隐藏。

(2) 保存层状态：单击模型树中的【显示】按钮📋▼，选择【层树】，在【层树】窗口中的任意位置右击，在弹出的快捷菜单中选择【保存状态】命令(见图 2-35)，至此完成工件、参照零件和分型面的隐藏及层状态的保存工作，为下一步开模操作做好准备。

图 2-34　【模型树】窗口

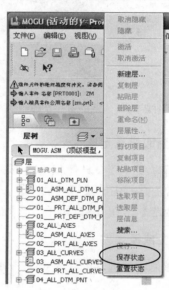

图 2-35　【层树】窗口

(3) 开模操作：

① 单击工具栏中的【模具开模】按钮🔧，系统弹出【开模】菜单管理器，单击【定义间距】→【定义移动】命令，然后选择型腔零件 cavity，单击【选取】菜单中的【确定】按钮，再选择一条竖直边(见图 2-36)，在弹出的对话框的【输入沿指定方向的位移】输入框中输入"50"，单击☑按钮，再单击菜单管理器中的【完成】按钮。

② 型芯零件的开模操作同上一步，只是在弹出的对话框的【输入沿指定方向的位移】输入框中输入"-50"。

得出的结果如图 2-37 所示。

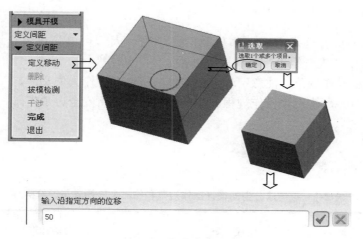

图 2-36　开模操作过程

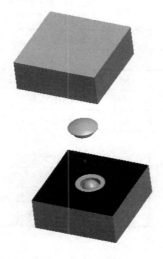

图 2-37　开模结果

三、任务要求

(1) 运用拉伸法进行蘑菇塑件(见图 2-1)分型面设计。

(2) 运用拉伸法进行按键塑件(见图 2-38，源文件在下载文件 test\ch2\2anjian 中)分型面设计，注意用分型面分割毛坯时"岛"的处理。

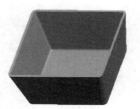

图 2-38　按键塑件三维图

四、注意事项

(1) 指导老师进行现场理实一体化教学，学生一人一台电脑在模具设计中心完成任务，同时要求学生 4 人一组进行互评、互助。

(2) 注意电脑操作规范，注意定时保存文件，防止误操作丢失文件。

(3) 认真学习并严格遵守操作规程，主动维护学习场所安全、卫生。

五、任务考核

任务考核标准如表 2-1 所示。

表 2-1　拉伸法分型面设计操作规范和作品考核要求与评价标准

考核内容	考 核 点	权　重	考核标准
拉伸法模具分型面设计操作规范(30%)	任务分析	5%	正确确定塑件的成型方法，分析模具结构，模具结构实用性强，生产经济性高，符合企业需求
	型腔数目的确定	5%	根据任务要求，确定型腔数目合理
	型腔的布局	5%	型腔布局合理
	模具分型面设计分析	5%	模具分型面设计合理，模具结构合理
	三维软件运用	10%	电脑操作规范，文档的存储正确，三维软件运用准确
拉伸法模具分型面设计作品(70%)	工作目录设置	5%	合理设计工作目录
	分型面设计	40%	分型面位置放置正确，设计合理，使用三维软件分模，步骤清晰
	型芯、型腔结构	20%	模具型芯和型腔结构正确
	模型文档存储	5%	模型档案存储正确，文件名错一个扣 1 分，存储路径错误该项全扣

任务 2　罩壳塑件的分型面设计——复制延伸法设计分型面

【任务提出】

根据图 2-39 所示罩壳塑件(源文件在下载文件 ch2\3zhaoke 中)在 Pro/ENGINEER 软件中运用复制延伸法进行分型面设计。塑件材料：ABS，收缩率 0.5% ，尺寸精度 MT7。

图 2-39　罩壳塑件三维图

【相关知识】

1. 复制延伸法定义分型面

分型面应选择在塑件外形的最大轮廓处，否则塑件会无法从型腔中脱出，这是分型面设计的最基本的选择原则。

复制延伸法就是复制塑件的最大外形面，再将外形的最大轮廓线延伸直至可以将工件分割为型芯和型腔。

2. 复制延伸法设计分型面操作流程

复制延伸法设计分型面操作流程如图 2-40 所示。

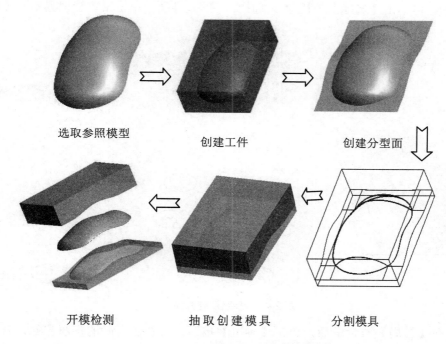

选取参照模型　　　　创建工件　　　　创建分型面

开模检测　　　　抽取创建模具　　　　分割模具

图 2-40　复制延伸法设计分型面操作流程

【任务实施】

一、准备工作

根据图 2-39 所示罩壳塑件，打开 Pro/ENGINEER，设置好工作目录，并初步分析该塑件的分型形状及分型面设计的方法。

二、实施步骤

1. 新建文件

单击工具栏中的 🗋 按钮，系统弹出【新建】对话框，选择【制造】→【模具型腔】，取消选中【使用缺省模板】复选框，在【名称】文本框中输入 "zhaoke"，单击【确定】

按钮，在弹出的【新文件选项】对话框中选择 mmns-mfg-mold，即选择公制单位，最后单击【确定】按钮，完成新建任务。

2. 定义参照模型

(1) 单击右侧工具栏中的【型腔布局】按钮 🔩，系统弹出【打开】和【布局】对话框，在【打开】对话框中选择 zhaoke 文件并打开，此时系统弹出【创建参照模型】对话框，选择【按参照合并】单选按钮，单击【确定】按钮退出此对话框。

(2) 随后在【布局】对话框中，单击【参照模型起点与定向】选项组的 ▶ 按钮，系统弹出【获得坐标系类型】菜单管理器和零件的参照模型窗口，选择【动态】选项，系统弹出【参照模型方向】对话框，如图 2-41 所示，在此对话框中单击【对齐轴】→Z(Z 轴方向即开模方向)，再单击【选择】按钮 ▶，选择 TOP 基准面，单击菜单管理器中的【确定】按钮。

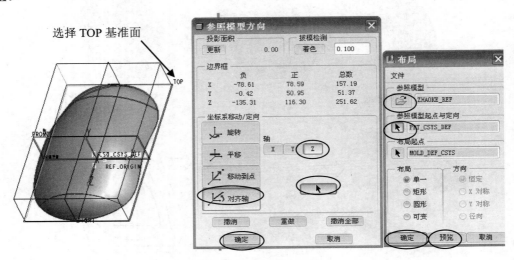

图 2-41　参照模型方向

(3) 返回【布局】对话框后，单击【预览】按钮，查看放置好的参照零件，若符合要求，则单击【确定】按钮，完成参照零件的放置。

3. 自动创建工件

单击右侧工具栏中的【自动工件】按钮 ▱，系统弹出【自动工件】对话框，单击对话框中的模具原点【选择】按钮 ▶，然后选择模具原点坐标 MOLD_DEF_CSYS，在【统一偏移】文本框中输入 "20"(即工件会自动沿塑件轮廓最大外形往四周扩展 20mm)，将整体尺寸 X、Y、+Z 型芯、-Z 型芯文本框中的数值取整(便于型芯、型腔的加工)，单击【预览】按钮，最后单击【确认】按钮，完成自动工件的创建。

4. 设置收缩率

(1) 单击右侧工具栏中的【按尺寸收缩】按钮 🎴，单击菜单管理器中【确认】按钮，系统弹出【按尺寸收缩】对话框，选择【公式】选项组中的 1+S 选项，设计【比率】值为 0.005(收缩率为 0.5%)，取消选中【更改设计零件】复选框，单击 ☑ 按钮完成收缩率设置。

(2) 选择菜单管理器中的【收缩】→【收缩信息】命令，系统弹出【收缩信息】窗口，确认收缩率的设置。

5．复制延伸法设置分型面

(1) 遮蔽工件。在模型树中点选工件 ZHAOKE_WRK.PRT，然后在右键菜单中选择【遮蔽】命令，在屏幕上将工件遮蔽起来，如图 2-42 所示。

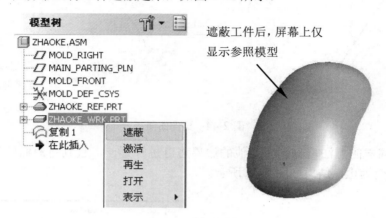

图 2-42　遮蔽工件

(2) 复制曲面。在【智能过滤器】下拉列表框中选择【几何】选项(即只能选择曲面、边线等几何特征)，接着在参照模型的表面单击，按住 Ctrl 键拾取曲面特征(外表面三个曲面)，如图 2-43 所示。然后单击工具栏中的【复制】按钮 ▣，再单击【粘贴】按钮 ▣，系统弹出【复制曲面】对话框，选中的曲面以虚线网格形式出现，最后单击【确认】按钮 ▣，完成曲面的复制。

图 2-43　拾取的曲面特征

(3) 延伸曲面。首先在模型树中点选工件 ZHAOKE_WRK.PRT，然后在右键菜单中选择【取消遮蔽】命令，将工件显示出来，以便延伸的曲面与工件完全相交。再在模型树中点选参照零件将其遮蔽，屏幕上只显示工件和刚刚复制的曲面。

接着选择菜单管理器中的【特征】→【型腔组件】→【曲面】→【延伸】命令，打开【延伸】操作面板。移动鼠标指针到参照模型上，拾取一条边界线，再在【延伸】操作面板中单击【至平面】按钮 ▣，并在工件上拾取其前表面，如图 2-44 所示，最后单击【确认】按钮 ✔ ，完成对此边的延伸。

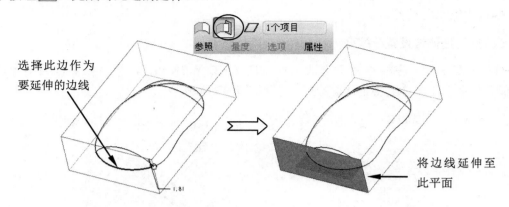

图 2-44　延伸曲面

(4) 使用同样的方法再分别将其他的边界边链进行延伸，直到将曲面的所有边界边链与工件完全相交为止，结果如图 2-45 所示。

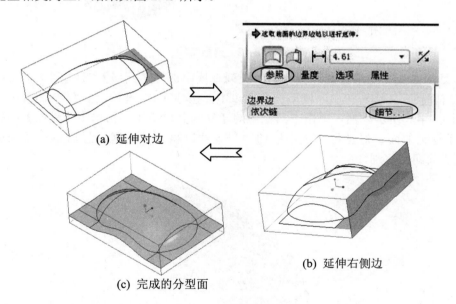

图 2-45　延伸的分型面

首先延伸上一步延伸边线的对边，如图 2-45(a)所示，接着延伸另一侧边，如图 2-45(b)所示，注意需选择多条边线时要单击【延伸】操作面板上的【参照】→【细节】按钮，然后按住 Ctrl 键选择多条边线进行延伸，最终的结果如图 2-45(c)所示。

6. 分割模具体积块

(1) 在工具栏中单击分割按钮 ，在菜单管理器中选择【两个体积块】→【所有工件】→【完成】命令，系统出现【分割】对话框，左键选取分型面，单击【选取】对话框中的【确定】按钮，再单击【分割】对话框中的【确定】按钮，系统弹出【属性】对话框，单击【着色】按钮，观察此体积块是型芯零件，修改【名称】为 core，再单击【确定】按钮，完成第一个体积块的创建，如图 2-46(a)所示。

(2) 接着再次弹出【属性】对话框，同理完成第二个体积块的创建，输入【名称】为 cavity，此体积块为型腔体积块，如图 2-46(b)所示。

(a) 型芯体积块(core)　　　　　　　　　　　(b) 型腔体积块(cavity)

图 2-46　分割模具体积块

7. 抽取模具元件

单击工具栏中的【型腔插入】按钮 ，系统弹出【创建模具零件】对话框，单击【全选】按钮 ，再单击【确定】按钮，完成型腔、型芯零件的抽取。

8. 生成浇注件

单击菜单管理器的【制模】→【创建】命令，系统弹出【输入零件名称】输入框，在文本框中输入"ZM"，单击【完成】按钮 ，完成浇注任务。

9. 开模操作

(1) 隐藏元件：在模型树中选择工件、参照零件和分型面，再选择右键菜单中的【隐藏】命令，此时工件、参照零件和分型面将被隐藏。

(2) 保存层状态：单击模型树中的【显示】按钮 ，选择【层树】，在【层树】窗口中的任意位置右击，在弹出的快捷菜单中选择【隐藏状态】命令，至此完成工件、参照零件和分型面的隐藏及层状态的保存工作，为下一步开模操作做好准备。

(3) 开模操作：

① 单击工具栏中的【模具开模】按钮 ，系统弹出【开模】菜单管理器，单击【定义间距】→【定义移动】，然后选择型腔零件 cavity，单击【选取】菜单中的【确定】按钮，再选择一条竖直边，在弹出的【输入沿指定方向的位移】输入框中输入"100"，单击 按钮，再单击菜单管理器中的【完成】按钮。

② 型芯零件的开模操作同上一步，只是在弹出的【输入沿指定方向的位移】输入框中输入"-100"。

得出的结果如图 2-47 所示。

三、任务要求

(1) 运用复制延伸法设计图 2-39 所示罩壳塑件(源文件在下载文件 test\ch2\3zhaoke 中)分型面。

(2) 运用复制延伸法进行鼠标塑件(见图 2-48，源文件在下载文件 test\ch2\3mouse 中)分型面设计，注意放置参照模型时对齐 Z 轴应选择 DTM1 基准面，若选择 TOP 基准面，进行模具拔模斜度检测时会检测出问题，这一点要细心体会。

图 2-47　模具开模检测

图 2-48　鼠标塑件三维图

四、注意事项

(1) 指导老师进行现场理实一体化教学，学生一人一台电脑在模具设计中心完成任务，同时要求学生 4 人一组进行互评、互助。

(2) 注意电脑操作规范，注意定时保存文件，防止误操作丢失文件。

(3) 认真学习并严格遵守操作规程，主动维护学习场所安全、卫生。

五、任务考核

任务考核标准如表 2-2 所示。

表 2-2　复制延伸法分型面设计操作规范和作品考核要求与评价标准

考核内容	考核点	权重	考核标准
复制延伸法分型面设计操作规范 (30%)	任务分析	5%	正确确定塑件成型方法，分析模具结构，模具结构实用性强，生产经济性高，符合企业需求
	型腔数目的确定	5%	根据任务要求，确定型腔数目合理
	型腔的布局	5%	型腔布局合理
	模具分型面设计分析	5%	模具分型面设计合理，模具结构合理
	三维软件运用	10%	电脑操作规范，文档的存储正确，三维软件运用准确
复制延伸法分型面设计作品 (70%)	工作目录设置	5%	合理设计工作目录
	分型面设计	40%	分型面位置放置正确，设计合理，使用三维软件分模，步骤清晰
	型芯、型腔结构	20%	模具型芯和型腔结构正确
	模型文档存储	5%	模型档案存储正确，文件名错一个扣 1 分，存储路径错误该项全扣

任务 3　塑料碗的分型面设计——阴影法设计分型面

【任务提出】

根据图 2-49 所示塑料碗(源文件在下载文件 test\ch2\5wan 中)在 Pro/ENGINEER 软件中运用阴影法进行分型面设计。塑件材料：ABS，收缩率 0.5%，尺寸精度 MT7。

图 2-49　塑料碗三维图

【相关知识】

1. 阴影法定义分型面

阴影法设计分型面是利用光线投射会产生阴影的原理，首先确定光线的投影方向，系统在参照模型上对着光线的一侧产生最大的阴影曲面，然后将该曲面延伸到工件的四周表面，从而在模具模型中迅速创建所需要的分型面。

2. 阴影法设计塑料碗分型面操作流程

阴影法设计塑料碗分型面操作流程，如图 2-50 所示。

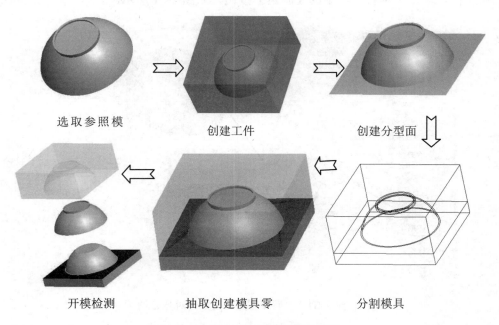

图 2-50　阴影法设计分型面操作流程

【任务实施】

一、准备工作

根据图 2-49 所示塑料碗三维图，打开 Pro/ENGINEER，设置好工作目录，并初步分析该塑件的分型形状及分型面设计的方法。

二、实施步骤

1. 新建文件

单击工具栏中的 按钮，系统弹出【新建】对话框，选择【制造】→【模具型腔】，取消选中【使用缺省模板】复选框，在【名称】文本框中输入 wan，单击【确定】按钮，在弹出的【新文件选项】对话框中选择 mmns-mfg-mold 选项，即选择公制单位，最后单击【确定】按钮，完成新建任务。

2. 定义参照模型

(1) 单击右侧工具栏中的【型腔布局】按钮 ，系统弹出【打开】和【布局】对话框，在【打开】对话框中选择 zhaoke 文件并打开，此时系统弹出【创建参照模型】对话框，选择【按参照合并】单选按钮，单击【确定】按钮退出此对话框。

(2) 随后在【布局】对话框中，单击【参照模型起点与定向】选项组中的 按钮，系统弹出【获得坐标系类型】菜单管理器和零件的参照模型窗口，选择【动态】选项，系统弹出【参照模型方向】对话框，单击【对齐轴】→Z(Z 轴方向即开模方向)按钮，选择塑料碗的底平面，单击菜单管理器中的【确定】按钮，如图 2-51 所示。

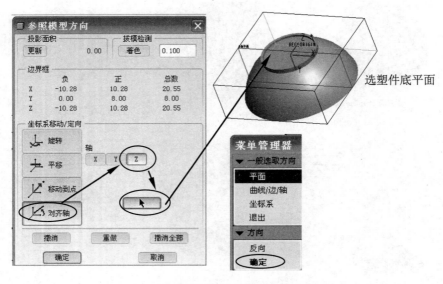

图 2-51 参照模型起点与定向对齐 Z 轴

(3) 单击【参照模型方向】对话框中的【平移】→Z 按钮，将滑块拖至最左端(此时值显示为-40.20)，最后单击【确定】按钮(见图 2-52)，返回【布局】对话框。

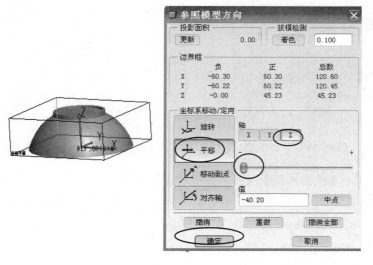

图 2-52　参照模型起点与定向平移 Z 轴

(4) 返回【布局】对话框后，单击【预览】按钮，查看放置好的参照零件，若符合要求，则单击【确定】按钮，完成参照零件的放置。

3．自动创建工件

单击右侧工具栏中的【自动工件】按钮 ，系统弹出【自动工件】对话框，单击对话框中的模具原点【选择】按钮 ，然后选择模具原点坐标 MOLD_DEF_CSYS，在【统一偏移】文本框中输入"20"(即工件会自动沿塑件轮廓最大外形往四周扩展 20mm)，将整体尺寸 X、Y、+Z 型芯、-Z 型芯文本框中数值取整(便于型芯、型腔的加工)，单击【预览】按钮，最后单击【确认】按钮，完成自动工件的创建。

4．设置收缩率

(1) 单击右侧工具栏中的【按尺寸收缩】按钮 ，单击菜单管理器中的【确认】按钮，系统弹出【按尺寸收缩】对话框，选择【公式】选项组中的 1+S 选项，设计【比率】值为 0.005(收缩率为 0.5%)，取消选中【更改设计零件】复选框，单击 按钮完成收缩率设置。

(2) 选择菜单管理器中的【收缩】→【收缩信息】，系统弹出【收缩信息】窗口，确认收缩率的设置。

5．阴影法设置分型面

单击工具栏中的【分型面工具】按钮 ，选择菜单栏中的【编辑】→【阴影曲面】命令，系统弹出【阴影曲面】对话框，如图 2-53 所示。单击对话框中的【预览】按钮，预览所创建的阴影曲面，最后单击【确定】按钮完成操作。完成的分型面如图 2-54 所示。

图 2-53 【阴影曲面】对话框

图 2-54 完成的分型面

注意：图 2-53 所示【阴影曲面】对话框中【阴影零件】的指定，如果模具模型中只有一个参照模型，系统会默认选择它，此时【阴影零件】的信息状态是【已定义】。

如果模具模型中有多个参照模型(一模多穴时)，就会出现【特征参照】菜单，按住 Ctrl 键选取多个要使用的参照模型，然后选取或创建一个基准平面作为一个"切断"平面(也叫"关闭平面")。

6. 分割模具体积块

(1) 在工具栏中单击【分割】按钮 ，在菜单管理器中选择【两个体积块】→【所有工件】→【完成】命令，系统弹出【分割】对话框，单击选取分型面，单击【选取】对话框中【确定】按钮，再单击【分割】对话框中的【确定】按钮，系统弹出【属性】对话框，单击【着色】按钮，观察此体积块是型芯零件，修改【名称】为 core，再单击【确定】按钮，完成第一个体积块创建，如图 2-55(a)所示。

(2) 紧接着再次弹出【属性】对话框，使用同样的方法完成第二个体积块的创建，输入【名称】为 cavity，此体积块为型腔体积块，如图 2-55(b)所示。

(a) 型芯体积块(core)

(b) 型腔体积块(cavity)

图 2-55 分割模具体积块

7. 抽取模具元件

单击工具栏中的【型腔插入】按钮⚒，系统弹出【创建模具零件】对话框，单击【全选】按钮▤，再单击【确定】按钮，完成型腔、型芯零件的抽取。

8. 生成浇注件

单击菜单管理器的【制模】→【创建】命令，系统弹出【输入零件名称】输入框，在文本框中输入"ZM"，单击【完成】按钮☑，完成浇注任务。

9. 开模操作

(1) 隐藏元件：在模型树中选择工件、参照零件和分型面，再在右键菜单中选择【隐藏】命令，此时工件、参照零件和分型面将被隐藏。

(2) 保存层状态：单击模型树中的【显示】按钮▤▾，选择【层树】，在【层树】窗口中的任意位置右击，在弹出的快捷菜单中选择【隐藏状态】命令，至此完成工件、参照零件和分型面的隐藏及层状态的保存工作，为下一步开模操作做好准备。

(3) 开模操作：

① 单击工具栏模具开模按钮⬒，系统弹出开模菜单管理器，单击【定义间距】→【定义移动】，然后选择型腔零件 cavity，单击【选取】菜单中的【确定】按钮，再选择一条竖直边，在弹出的【输入沿指定方向的位移】输入框中输入"100"，单击☑按钮，再单击菜单管理器中的【完成】按钮。

② 型芯零件的开模操作同上一步，只是在弹出的【输入沿指定方向的位移】输入框中输入"−100"。

得出的结果如图 2-56 所示。

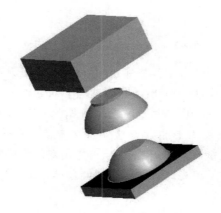

图 2-56　模具开模检测

三、任务要求

(1) 运用阴影法进行图 2-49 所示塑料碗(源文件在下载文件 test\ch2\5wan 中)分型面设计。

(2) 运用阴影法进行塑料盖(见图 2-57，源文件在下载文件 test\ch2\6shuliaogai 中)分型面设计。

图 2-57 塑料盖三维图

注意:

(1) 放置参照模型时【对齐 Z 轴】应选择 DTM1 基准面,接着单击【旋转】→X 按钮,将【值】设为 180。最后单击【平移】→Z 按钮,拖动滑块至最左端(此时【值】自动为 0),如图 2-58 所示,这一点要细心体会。

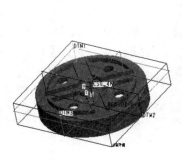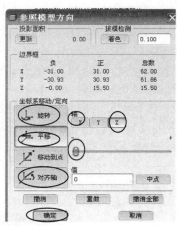

图 2-58 【参照模型方向】对话框

(2) 阴影法设置分型面:单击工具栏中的【分型面工具】按钮 ◻,选择菜单栏中的【编辑】→【阴影曲面】命令,系统弹出【阴影曲面】对话框,再单击对话框中的【预览】按钮,预览所创建的阴影曲面如图 2-59 所示,可见此时的阴影曲面不合理。这时要单击【阴影曲面】对话框中的【关闭平面】→【定义】按钮(见图 2-60),然后选择 MAIN_PARTING_PLN 基准面(即光线照射的终止面),再单击对话框中的【预览】按钮,预览所创建的阴影曲面如图 2-59 所示,可见此时的阴影曲面合理。最后单击【确定】按钮。

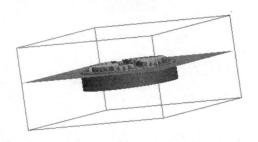

图 2-59 预览的阴影曲面

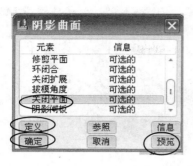
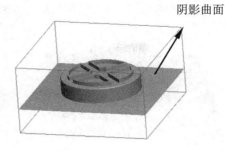

阴影曲面

图 2-60　定义【关闭平面】设置阴影曲面

四、注意事项

(1) 指导老师进行现场理实一体化教学，学生一人一台电脑在模具设计中心完成任务，同时要求学生 4 人一组进行互评、互助。

(2) 注意电脑操作规范，注意定时保存文件，防止误操作丢失文件。

(3) 认真学习并严格遵守操作规程，主动维护学习场所安全、卫生。

五、任务考核

任务考核标准如表 2-3 所示。

表 2-3　阴影法分型面设计操作规范和作品考核要求与评价标准

考核内容	考核点	权　重	考核标准
阴影法分型面设计操作规范(30%)	任务分析	5%	正确确定塑件成型方法，分析模具结构，模具结构实用性强，生产经济性高，符合企业需求
	型腔数目的确定	5%	根据任务要求，确定型腔数目合理
	型腔的布局	5%	型腔布局合理
	模具分型面设计分析	5%	模具分型面设计合理，模具结构合理
	三维软件运用	10%	电脑操作规范，文档的存储正确，三维软件运用准确
阴影法分型面设计作品(70%)	工作目录设置	5%	合理设计工作目录
	分型面设计	40%	分型面位置放置正确，设计合理，使用三维软件分模，步骤清晰
	型芯、型腔结构	20%	模具型芯和型腔结构正确
	模型文档存储	5%	模型档案存储正确，文件名错一个扣 1 分，存储路径错误该项全扣

任务 4　相机外壳的分型面设计——裙边法设计分型面

【任务提出】

根据图 2-61 所示相机外壳(源文件在下载文件 test\ch2\7xiangji 中)在 Pro/ENGINEER 软

件中运用裙边法进行分型面设计。塑件材料：ABS，收缩率 0.5% ，尺寸精度 MT7。

图 2-61　相机外壳三维图

【相关知识】

1．裙边法定义分型面

裙边法是一种沿着参照模型的轮廓线来建立分型面的方法。采用这种方法设计分型面时，首先要创建分型线，然后利用该分型线来产生分型面。分型线通常是参照模型的轮廓线，一般可用侧面影像曲线来建立。

在完成分型线的创建后，通过指定开模方向，系统会自动将外部环路(外分型线)延伸至工件表面及填充内部环路(内分型线)来产生分型面。

图 2-62 所示为采用裙边法设计分型面的例子，(a)图是模具模型，(b)图是根据参照模型创建的侧面影像曲线，(c)图是在用户指定开模方向后，系统自动生成的裙边曲面。采用裙边法构建出来的分型面是一个不包含参照模型本身表面的破面，这种分型面有别于一般的覆盖型分型面，这是裙边法最重要的特点。

(a) 模具模型　　　　　　(b) 侧面影像曲线　　　　　　(c) 裙边曲面

图 2-62　采用裙边法设计分型面

采用裙边法创建分型面时应注意以下几点。

(1) 参照模型和工件不得遮蔽，否则【裙状曲面】命令呈灰色无法使用。

(2) 使用该命令前，需创建分型线(侧面影像曲线)。

(3) 使用该命令创建分型面时，有时会出现延伸不完全的情况，此时用户必须手动定义其延伸要素。

2. 裙边法设计相机分型面的操作流程

裙边法设计相机分型面的操作流程如图 2-63 所示。

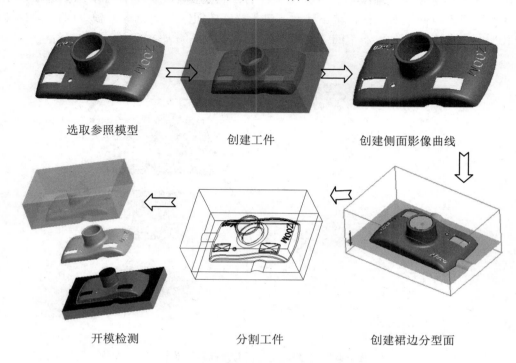

选取参照模型　　　　　　创建工件　　　　　创建侧面影像曲线

开模检测　　　　　　分割工件　　　　　创建裙边分型面

图 2-63　裙边法设计分型面操作流程

【任务实施】

一、准备工作

　　根据图 2-60 所示相机外壳三维图，打开 Pro/ENGINEER，设置好工作目录，并初步分析该塑件的分型形状及分型面设计的方法。

二、实施步骤

1. 新建文件

　　单击工具栏中的 🗋 按钮，系统弹出【新建】对话框，选择【制造】→【模具型腔】，取消选中【使用缺省模板】复选框，在【名称】文本框中输入"xiangji"，单击【确定】按钮，在弹出的【新文件选项】对话框中选择 mmns-mfg-mold 选项，即选择公制单位，最后单击【确定】按钮，完成新建任务。

2. 定义参照模型

　　(1) 单击右侧工具栏中的【型腔布局】按钮 🖳，系统弹出【打开】和【布局】对话框，在【打开】对话框中选择 zhaoke 文件并打开，此时系统弹出【创建参照模型】对话框，选择【按参照合并】单选按钮，单击【确定】退出此对话框。

(2) 随后在【布局】对话框中，单击【参照模型起点与定向】选项组中的 ▶ 按钮，系统弹出【获得坐标系类型】菜单管理器和零件的参照模型窗口，选择【动态】选项，系统弹出【参照模型方向】对话框，单击【对齐轴】→Z 按钮(Z 轴方向即开模方向)，选择塑料碗的底平面，单击菜单管理器中的【确定】按钮，如图 2-64 所示。

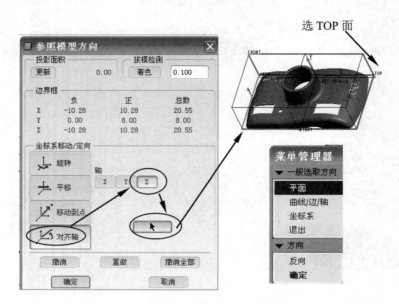

图 2-64　参照模型起点与定向对齐 Z 轴

(3) 单击【参照模型方向】对话框中的【平移】→Y 按钮，单击【中点】按钮，最后单击【确定】按钮(见图 2-65)，返回【布局】对话框。

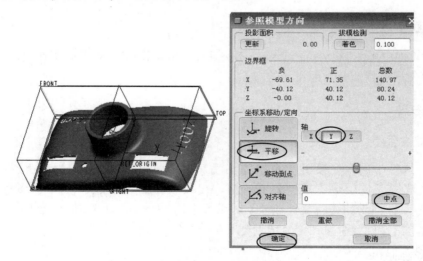

图 2-65　参照模型起点与定向平移 Z 轴

(4) 返回【布局】对话框后，单击【预览】按钮，查看放置好的参照零件，若符合要求，则单击【确定】按钮，完成参照零件的放置。

3．自动创建工件

单击右侧工具栏中的【自动工件】按钮 ▱，系统弹出【自动工件】对话框，单击对话框中的【模具原点选择】按钮 ▶，然后选择模具原点坐标 MOLD_DEF_CSYS，在【统一偏移】文本框中输入"20"(即工件会自动沿塑件轮廓最大外形往四周扩展 20mm)，将整体尺寸 X、Y、+Z 型芯、−Z 型芯文本框中的数值取整(便于型芯、型腔的加工)，单击【预览】按钮，最后单击【确认】按钮，完成自动工件的创建。

4．设置收缩率

(1) 单击右侧工具栏中的【按尺寸收缩】按钮 ☜，单击菜单管理器中的【确认】按钮，系统弹出【按尺寸收缩】对话框，选择【公式】选项组中的 1+S 选项，设置【比率】值为 0.005(收缩率为 0.5%)，取消选中【更改设计零件】复选框，单击 ✓ 按钮完成收缩率设置。

(2) 选择菜单管理器中的【收缩】→【收缩信息】，系统弹出【收缩信息】窗口，确认收缩率的设置。

5．裙边法设置分型面

1) 创建侧面影像曲线

侧面影像曲线是沿着特定的方向对模具模型进行投影而得到的参照模型的轮廓曲线，它是由一个或数个封闭的内部环路及外部环路所构成。侧面影像曲线的主要作用是建立参照模型的分型线，辅助建立分型面。如果某些侧面影像曲线段不产生所需的分型面几何或引起分型面延伸重叠，可将其排除并手动创建投影曲线。

一般情况下，用户只需定义投影的方向，系统便可以自动完成侧面影像曲线的建立，但是如果参照模型的某些曲面与投影方向平行时，则在曲面的上方及下方都将产生一条曲线链，而这两条曲线并不能同时使用，必须定义曲线对话框中的【环】元素，具体见下面的操作过程。

单击工具栏中的【侧面影像曲线】按钮 ⬭，系统弹出【侧面影像曲线】对话框，单击【预览】按钮，观察发现前、后两根分型线不合理，如图 2-66 所示。

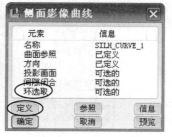

前、后两根分型线不合理

图 2-66　创建侧面影像曲线(自动分型线)

单击【侧面影像曲线】对话框中的【环选取】选项，单击【定义】按钮，在打开的

【环选取】对话框中切换到【链】选项卡，将 1-1 和 1-2 的状态设置为【下部】，如图 2-67 所示。单击【预览】→【确定】按钮，在返回的【侧面影像曲线】对话框中单击【确定】按钮。结果如图 2-67 所示。

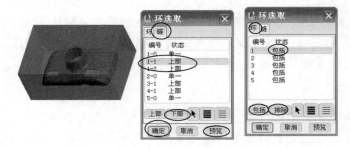

图 2-67　【环选取】对话框

注意：【环选取】对话框中包含【环】、【链】两个选项卡。在【环】选项卡中，可以选择【包括】选项来保留某个环路，或者选择【排除】选项来去掉某个环路；在【链】选项卡中，则可以选择【上部】选项来使用某个链的上半部分，或者选择【下部】选项来使用某个链的下半部分。如果某个链仅是单个的链，则其状态为【单一】，该链没有上部、下部可供选择，一般在有拔模斜度的面上的链就只有单个链。

　2) 创建裙边分型面

　(1) 单击工具栏中的【分型面工具】按钮 ，再单击工具栏中的【裙边曲面】按钮 ，系统弹出【裙边曲面】对话框，如图 2-68(a)所示。选择上一步创建的侧面影像曲线，单击【选取】对话框中的【确定】按钮，再单击【链】菜单管理器中的【完成】按钮，在返回的【裙边曲面】对话框中单击【预览】按钮，发现所创建的裙边曲面很小，不合理，如图 2-68(b)所示。

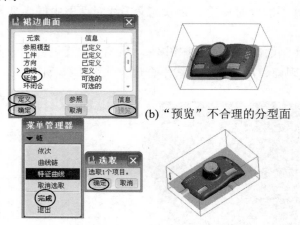

(a) 裙边曲面对话框　　(c) 完成的裙边分型面

图 2-68　【裙边曲面】对话框的设置

　(2) 接着在【裙边曲面】对话框中选择【延伸】选项，单击【定义】按钮，系统弹出【延伸控制】对话框，如图 2-69(a)所示单击【延伸方向】按钮，单击【添加】按钮，在延伸方向预览窗口中按住 Ctrl 键并单击图 2-69(b)所示圆弧位置的两个点，单击【选取】菜单栏中的【确定】按钮，系统弹出【一般选取方向】菜单管理器，选取工件对应的平面，接着单击【正向】按钮，预览效果如图 2-69(c)所示。用同样的方法设置对面两个点，延伸到工件侧面。单击【延伸控制】对话框中的【确定】按钮，再单击【裙边曲面】对话框中的【确定】按钮，完成的分型面如图 2-68(c)所示。

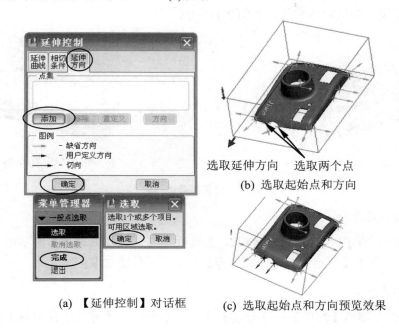

(a) 【延伸控制】对话框   (c) 选取起始点和方向预览效果

(b) 选取起始点和方向

图 2-69   【延伸控制】对话框的设置

注意：在【延伸控制】对话框中还可以选择【延伸曲线】选项卡(见图 2-70)，将不需要的侧面影像曲线排除掉(有时【侧面影像曲线】对话框中的【排除】选项不一定能完全排除掉不需要的曲线)。

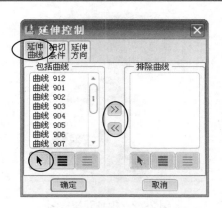

图 2-70   【延伸控制】对话框的【延伸曲线】选项卡

6．分割模具体积块

(1) 在工具栏中单击【分割】按钮 ⊟，在菜单管理器中选择【两个体积块】→【所有工件】→【完成】，系统出现【分割】对话框，单击选取分型面，单击【选取】对话框中的【确定】按钮，再单击【分割】对话框中的【确定】按钮，系统弹出【属性】对话框，单击【着色】按钮，观察此体积块是型芯零件，修改【名称】为 core，再单击【确定】按钮，完成第一个体积块的创建，如图 2-71(a)所示。

(2) 紧接着再次弹出【属性】对话框，同理完成第二个体积块的创建，输入【名称】为 cavity，此体积块为型腔体积块，如图 2-71(b)所示。

(a) 型芯体积块(core)　　　　　　　　　　　　(b) 型腔体积块(cavity)

图 2-71　分割模具体积块

7．抽取模具元件

单击工具栏中的【型腔插入】按钮，系统弹出【创建模具零件】对话框，单击【全选】按钮，再单击【确定】按钮，完成型腔、型芯零件的抽取。

8．生成浇注件

单击菜单管理器的【制模】→【创建】命令，系统弹出【输入零件名称】输入框，在文本框中输入"ZM"，单击【完成】按钮，完成浇注任务。

9．开模操作

开模得出的结果如图 2-72 所示。

图 2-72　模具开模检测

三、任务要求

(1) 运用裙边法进行图 2-61 所示相机外壳(源文件在下载文件 test\ch2\7xiangji 中)分型

面设计。

(2) 运用裙边法进行塑料螺母(见图 2-73，源文件在下载文件 test\ch2\8luomu 中)分型面设计。

图 2-73　塑料螺母三维图

(3) 运用裙边法进行游戏手柄(见图 2-74，源文件在下载文件 test\ch2\9youxishoubing 中)分型面设计。

图 2-74　游戏手柄三维图

注意： 在产生裙边曲面时，需在【延伸方向】选项卡中，添加 4 个方向(工件四周)的控制点，如图 2-75 所示。

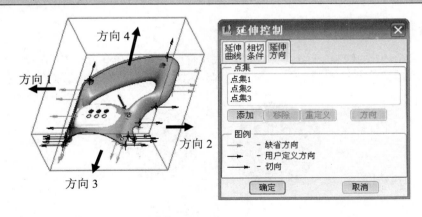

图 2-75　在【延伸方向】选项卡中添加 4 个方向的点集

四、注意事项

(1) 指导老师进行现场理实一体化教学，学生一人一台电脑在模具设计中心完成任务，同时要求学生 4 人一组进行互评、互助。

(2) 注意电脑操作规范，注意定时保存文件，防止误操作丢失文件。

(3) 认真学习并严格遵守操作规程，主动维护学习场所安全、卫生。

五、任务考核

任务考核标准如表 2-4 所示。

表 2-4　裙边法分型面设计操作规范和作品考核要求与评价标准

考核内容	考核点	权重	考核标准
裙边法分型面设计操作规范(30%)	任务分析	5%	正确确定塑件成型方法，分析模具结构，模具结构实用性强，生产经济性高，符合企业需求
	型腔数目的确定	5%	根据任务要求，确定型腔数目合理
	型腔的布局	5%	型腔布局合理
	模具分型面设计分析	5%	模具分型面设计合理，模具结构合理
	三维软件运用	10%	电脑操作规范，文档的存储正确，三维软件运用准确
裙边法分型面设计作品(70%)	工作目录设置	5%	合理设计工作目录
	分型面设计	40%	分型面位置放置正确，设计合理，使用三维软件分模，步骤清晰
	型芯、型腔结构	20%	模具型芯和型腔结构正确
	模型文档存储	5%	模型档案存储正确，文件名错一个扣 1 分，存储路径错误该项全扣

任务 5　塑料瓶盖的分模设计——体积块法模具设计

【任务提出】

根据图 2-76 所示塑料瓶盖(源文件在下载文件 test\ch2\10pinggai 中)在 Pro/ENGINEER 软件中运用体积块法进行分模设计。塑件材料：ABS，收缩率 0.5%，尺寸精度 MT7。

图 2-76　塑料瓶盖三维图

【相关知识】

1. 体积块法定义分型面

体积块法是 Pro/ENGINEER 的 Pro/MOLDESIGN 模块中设计模具的另外一种常用方

法，与分型面方法相比，不同的是使用体积块法进行模具设计不需要设计分型面，直接通过零件建模的方式创建出体积块，即可抽取出模具元件，完成模具设计。

常用拉伸、旋转等零件建模的方式直接创建体积块，在镶块(入子)、侧滑块的分模中使用非常有效。

2．体积块法进行塑料瓶盖分模设计的操作流程

体积块法进行塑料瓶盖分模设计的操作流程如图 2-77 所示。

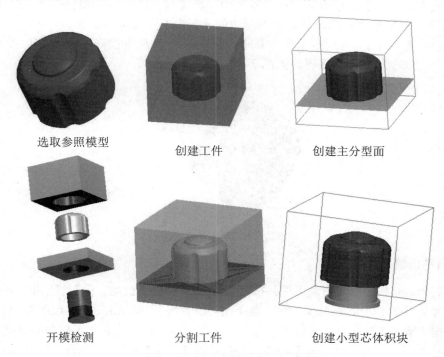

选取参照模型　　　　　　创建工件　　　　　　创建主分型面

开模检测　　　　　　分割工件　　　　　　创建小型芯体积块

图 2-77　体积块法分模操作流程

【任务实施】

一、准备工作

根据图 2-76 所示塑料瓶盖三维图，打开 Pro/ENGINEER，设置好工作目录，并初步分析该塑件的分型形状及分型面设计的方法。

二、实施步骤

1．新建文件

单击工具栏中的 ⬚ 按钮，系统弹出【新建】对话框，选择【制造】→【模具型腔】，取消选中【使用缺省模板】复选框，在【名称】文本框中输入"pinggai"，单击【确定】按钮，在弹出的【新文件选项】对话框中选择 mmns-mfg-mold 选项，即选择公制单位，最后单击【确定】按钮，完成新建任务。

2．定义参照模型

(1) 单击右侧工具栏中的【型腔布局】按钮，系统弹出【打开】和【布局】对话框，在【打开】对话框中选择 pinggai 文件并打开，此时系统弹出【创建参照模型】对话框，选择【按参照合并】单选按钮，单击【确定】退出此对话框。

(2) 随后在【布局】对话框中，单击【参照模型起点与定向】选项组中的 按钮，系统弹出【获得坐标系类型】菜单管理器和零件的参照模型窗口，选择【动态】选项，系统弹出【参照模型方向】对话框，在此对话框中单击【对齐轴】→Z 按钮(Z 轴方向即开模方向)，选择瓶盖的底平面，单击菜单管理器中的【反向】→【确定】按钮。

(3) 返回【布局】对话框，单击【预览】按钮，查看放置好的参照零件，单击【确定】按钮，完成参照零件的放置，如图 2-78 所示。

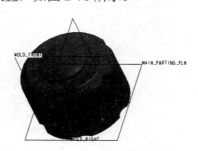

图 2-78　定义参照模型

3．自动创建工件

单击右侧工具栏中的【自动工件】按钮，系统弹出【自动工件】对话框，单击对话框中的模具原点【选择】按钮，然后选择模具原点坐标 MOLD_DEF_CSYS，在【统一偏移】文本框中输入"20"，将整体尺寸 X、Y、+Z 型芯、-Z 型芯文本框中的数值取整(便于型芯、型腔的加工)，单击【预览】按钮，最后单击【确认】按钮，完成自动工件的创建。

4．设置收缩率

(1) 单击右侧工具栏中的【按尺寸收缩】按钮，单击菜单管理器中的【确认】按钮，系统弹出【按尺寸收缩】对话框，选择【公式】选项组中的 1+S 选项，设置【比率】值为0.005(收缩率为 0.5%)，取消选中【更改设计零件】复选框，单击 按钮完成收缩率设置。

(2) 选择菜单管理器中的【收缩】→【收缩信息】，系统弹出【收缩信息】窗口，确认收缩率的设置。

5．创建主分型面

用拉伸法创建主分型面。

(1) 单击右侧工具栏中的【分型面工具】按钮，再单击右侧工具栏中的【拉伸】按钮，此时系统弹出【拉伸】操控板，选择图 2-79 所示草绘平面和参照平面，绘制图 2-80所示的截面草图，在草绘工具栏中单击【完成】按钮。

(2) 设置深度选项。在操控板中选中深度类型(到选定的)，选取图 2-81 所示工件的后表面为拉伸终止面，在操控板中单击【完成】按钮。最后在工具栏中单击【分型面完成】按钮 ✔，完成主分型面的创建，如图 2-82 所示。

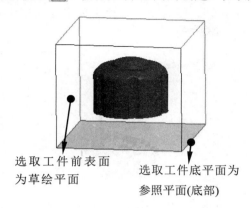

选取工件前表面
为草绘平面

选取工件底平面为
参照平面(底部)

图 2-79　定义草绘平面

MAIN_PARTING_PLN 基准平面

草绘直线，两端点分别与
工件的两端边线对齐

图 2-80　截面草图

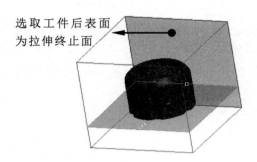

选取工件后表面
为拉伸终止面

图 2-81　选取拉伸终止面

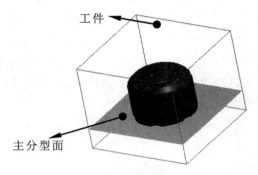

工件

主分型面

图 2-82　拉伸创建主分型面

6．创建小型芯体积块

(1) 单击工具栏中的【模具体积块】按钮 🖳 ▸，系统进入体积块创建模式。

(2) 单击右侧工具栏中的【拉伸】按钮 🗗，此时系统弹出【拉伸】操控板，选择图 2-83 所示草绘平面和参照平面，绘制图 2-84 所示的截面草图，在草绘工具栏中单击【完成】按钮 ✔。

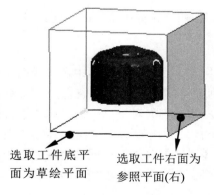

选取工件底平
面为草绘平面

选取工件右面为
参照平面(右)

图 2-83　定义草绘平面

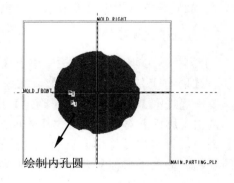

MOLD_RIGHT

MOLD_FRONT

MAIN_PARTING_PLN

绘制内孔圆

图 2-84　截面草图

(3) 设置深度选项。在操控板中选中深度类型 ⫛(到选定的),选取图 2-85 所示工件的后表面为拉伸终止面,在操控板中单击【完成】按钮 ☑。最后在工具栏中单击【体积块完成】按钮 ☑,完成小型芯体积块的创建,如图 2-86 所示。

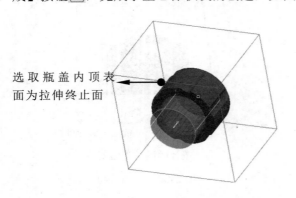

图 2-85　选取拉伸终止面　　　　　　　　　图 2-86　拉伸体积块

(4) 设置小型芯沉头。继续单击右侧工具栏中的【拉伸】按钮 ⌐⫿,此时系统弹出【拉伸】操控板,选择图 2-83 所示草绘平面和参照平面,绘制图 2-87 所示的截面草图,在草绘工具栏中单击【完成】按钮 ☑。设置【深度】值 ⫛ 为 3,在操控板中单击【完成】按钮 ☑。结果如图 2-88 所示。

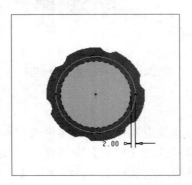

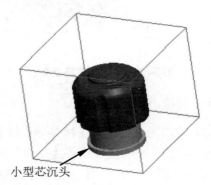

图 2-87　截面草图　　　　　　　　　　　　图 2-88　拉伸出小型芯沉头

(5) 最后在工具栏中单击模具体积块【完成】按钮 ☑,完成小型芯的创建。

7. 分割模具体积块

(1) 第一次分割:在工具栏中单击【分割】按钮 ▤,在菜单管理器中选择【两个体积块】→【所有工件】→【完成】,系统出现【分割】对话框,左键选取小型芯模具体积块,单击【选取】对话框中的【确定】按钮,再单击【分割】对话框中的【确定】按钮,系统弹出【属性】对话框,单击【着色】按钮,观察此体积块如图 2-89(a)所示,修改【名称】为 1,再单击【确定】按钮。紧接着再次弹出【属性】对话框,同理完成第二个体积块的创建,输入【名称】为 core_1,此体积块为小型芯体积块,如图 2-89(b)所示。

(a) 上体积块"1"

(b) 小型芯体积块(core_1)

图 2-89　第一次分割模具体积块

(2) 第二次分割：在工具栏中单击【分割】按钮 🗗，在菜单管理器中选择【两个体积块】→【模具体积块】→【完成】命令，系统出现【搜索工具】对话框(见图 2-90)，选择【项目】中的【面组：F11(1)】选项，单击 `>>` 按钮，此时【面组：F11(1)】选项被选到右侧【已选取项目】中，接着单击【关闭】按钮，返回【分割】对话框。

图 2-90　第二次分割

左键选取主分型面，单击【选取】对话框中【确定】按钮，再单击【分割】对话框中的【确定】按钮，系统弹出【属性】对话框，单击【着色】按钮，观察此体积块，修改【名称】为 core_2，再单击【确定】按钮。紧接着再次弹出【属性】对话框，同理完成第二个体积块的创建，输入【名称】为cavity，此体积块为型腔体积块，如图 2-90 所示。

8．抽取模具元件

单击工具栏中的【型腔插入】按钮 ，系统弹出【创建模具零件】对话框，选择 cavity、core_1、core_2，再单击【确定】按钮，完成型腔、型芯、小型芯零件的抽取。

9．生成浇注件

单击菜单管理器的【制模】→【创建】命令，系统弹出【输入零件名称】输入框，在文本框中输入"ZM"，单击【完成】按钮 ，完成浇注任务。

10．开模操作

开模得出的结果如图 2-91 所示。

图 2-91　模具开模检测

三、任务要求

(1) 运用体积块法进行图 2-76 所示塑料瓶盖(源文件在下载文件 test\ch2\10pinggai 中)分模设计。

(2) 运用体积块法进行法兰盖(见图 2-92，源文件在下载文件 test\ch2\11falan 中)分模设计。

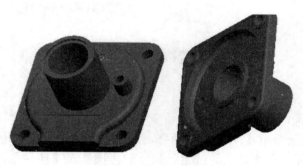

图 2-92　法兰盖三维图

提示:

(1) 主分型面创建:单击工具栏中的【侧面影像曲线】按钮 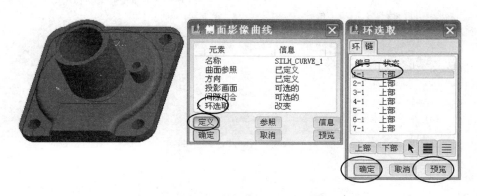,选择【环选取】→
【定义】,在【环选取】对话框中切换到【链】选项卡,将 1-1 的状态设置为【下部】,如
图 2-93 所示。创建的侧面影像曲线如图 2-93(a)所示。

图 2-93　创建侧面影像曲线(自动分型线)

单击工具栏中的【分型面工具】按钮 ,再单击工具栏中的【裙边曲面】按钮
,在弹出的【裙边曲面】对话中单击【确定】按钮。创建的裙边曲面(自动分型面)如
图 2-94(b)所示。

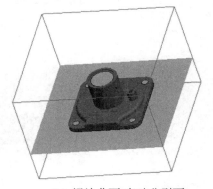

(a) 侧面影像曲线(自动分型线)　　　　(b) 裙边曲面(自动分型面)

图 2-94　自动分型线与自动分型面

(2) 小型芯体积块创建:运用体积块(拉伸)法分两步创建小型芯,首先创建型腔侧小型
芯体积块 core_top,如图 2-95(a)所示。再创建型芯侧小型芯体积块 core_bottom,如图 2-95(b)
所示。

(3) 分割体积块:需分割三次。首先用型腔侧小型芯体积块 core_top 分割如图 2-96(a)
所示。再用型芯侧小型芯体积块 core_bottom 分割,如图 2-96(b)所示。最后用主分型面分
割,如图 2-96(c)所示。

(4) 开模检测:如图 2-97 所示。

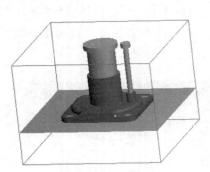
(a) 小型芯体积块 core_top

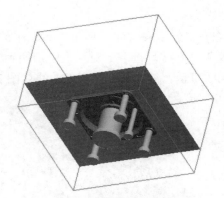
(b) 小型芯体积块 core_bottom

图 2-95　小型芯体积块创建

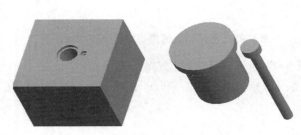
(a) 第一次分割

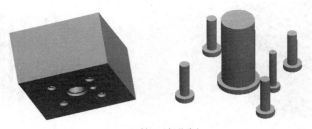
(b) 第二次分割

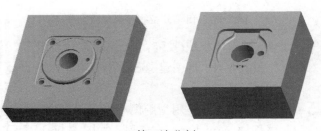
(c) 第三次分割

图 2-96　分割体积块

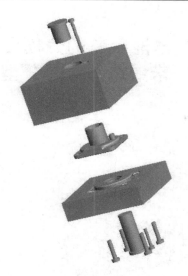

图 2-97　开模检测

四、注意事项

(1) 指导老师进行现场理实一体化教学，学生一人一台电脑在模具设计中心完成任务，同时要求学生 4 人一组进行互评、互助。

(2) 注意电脑操作规范，注意定时保存文件，防止误操作丢失文件。

(3) 认真学习并严格遵守操作规程，主动维护学习场所安全、卫生。

五、任务考核

任务考核标准如表 2-5 所示。

表 2-5　体积块法分模设计操作规范和作品考核要求与评价标准

考核内容	考核点	权重	考核标准
体积块法分模设计操作规范(30%)	任务分析	5%	正确确定塑件成型方法，分析模具结构，模具结构实用性强，生产经济性高，符合企业需求
	型腔数目的确定	5%	根据任务要求，确定型腔数目合理
	型腔的布局	5%	型腔布局合理
	模具分型面设计分析	5%	模具分型面设计合理，模具结构合理
	三维软件运用	10%	电脑操作规范，文档的存储正确，三维软件运用准确
体积块法分模设计作品(70%)	工作目录设置	5%	合理设计工作目录
	分型面设计	40%	分型面位置放置正确，设计合理，使用三维软件分模，步骤清晰
	型芯、型腔结构	20%	模具型芯和型腔结构正确
	模型文档存储	5%	模型档案存储正确，文件名错一个扣 1 分，存储路径错误该项全扣

任务6　电池后盖的分模设计——带滑块的模具分型面设计

【任务提出】

根据图 2-98 所示电池后盖三维零件图(源文件在下载文件 test\ch2\12dianchigai 中)在 Pro/ENGINEER 软件中进行分模设计。塑件材料：ABS，收缩率 0.5%，尺寸精度 MT7。

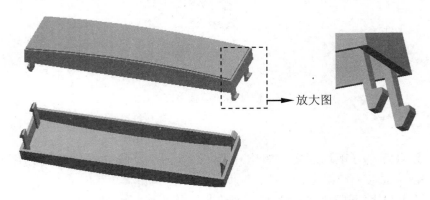

图 2-98　电池后盖三维图

【相关知识】

1. 倒钩的定义

倒钩：制品侧壁上带有与开模方向不同的内、外侧孔、侧凹或凸台等阻碍制品成型后直接脱模，这些侧孔、侧凹或凸台称为倒钩，如图 2-99 所示。

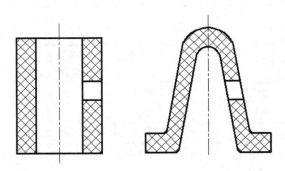

图 2-99　倒钩

2. 侧向分型与抽芯机构

当注射成型的塑件上有倒钩时，模具上成型该处的零件必须制成可侧向移动的，以便在塑件脱模推出之前先将侧向成型零件抽出，然后再把塑件从模内推出，否则无法脱模。带动侧向成型零件作侧向分型抽芯和复位的整个机构称为侧向分型与抽芯机构。

3. 滑块体积块法分模的操作流程

滑块体积块法分模的操作流程如图 2-100 所示。

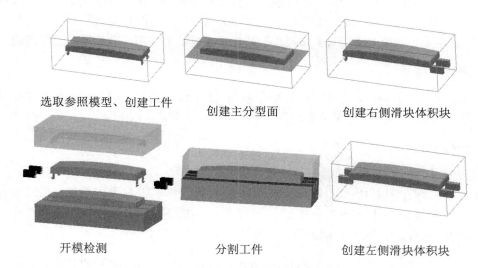

选取参照模型、创建工件	创建主分型面	创建右侧滑块体积块
开模检测	分割工件	创建左侧滑块体积块

图 2-100　滑块体积块法分模操作流程

【任务实施】

一、准备工作

根据图 2-98 所示电池后盖(源文件在下载文件 test\ch2\12dianchigai 中)三维图，打开 Pro/ENGINEER 软件，设置好工作目录，并初步分析该塑件的分型形状及分型面设计的方法。

二、实施步骤

1. 新建文件

单击工具栏中的 ▢ 按钮，系统弹出【新建】对话框，选择【制造】→【模具型腔】，取消选中【使用缺省模板】复选框，在【名称】文本框中输入"dianchigai"，单击【确定】按钮，在弹出的【新文件选项】对话框中选择 mmns-mfg-mold 选项，即选择公制单位，最后单击【确定】按钮，完成新建任务。

2. 定义参照模型

单击工具栏中的【型腔布局】按钮 🔛，完成参照零件的放置，如图 2-101 所示。

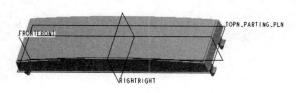

图 2-101　定义参照模型

3. 自动创建工件

单击右侧工具栏中的【自动工件】按钮 ▱，系统弹出【自动工件】对话框，单击对话框中的【模具原点选择】按钮 ▣，然后选择模具原点坐标 MOLD_DEF_CSYS，在【统一偏移】文本框中输入"20"，将整体尺寸 X、Y、+Z 型芯、−Z 型芯文本框中的数值取整(便于型芯、型腔的加工)，单击【预览】按钮，最后单击【确认】按钮，完成自动工件的创建。

4. 设置收缩率

单击右侧工具栏中的【按尺寸收缩】按钮 ☝，设置【比率】值为 0.005(收缩率为 0.5%)，取消选中【更改设计零件】复选框，单击 ☑ 按钮完成收缩率设置。

5. 创建主分型面

用拉伸法创建主分型面。

(1) 单击右侧工具栏中的【分型面工具】按钮 ▱，再单击右侧工具栏中的【拉伸】按钮 ▱，此时系统弹出【拉伸】操控板，选择图 2-102 所示草绘平面和参照平面，绘制图 2-103 所示的截面草图，在草绘工具栏中单击【完成】按钮 ☑。

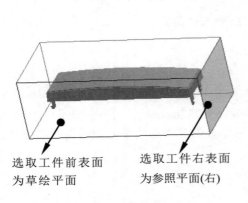

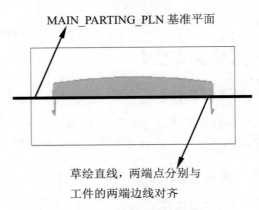

MAIN_PARTING_PLN 基准平面

选取工件前表面
为草绘平面　　选取工件右表面
为参照平面(右)

草绘直线，两端点分别与
工件的两端边线对齐

图 2-102　定义草绘平面　　　　　图 2-103　截面草图

(2) 设置深度选项。在操控板中选中深度类型 ┵(到选定的)，选取图 2-104 所示工件的后表面为拉伸终止面，完成的主分型面创建如图 2-105 所示。

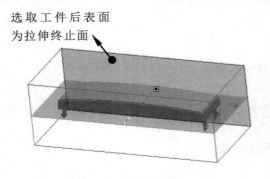

选取工件后表面
为拉伸终止面

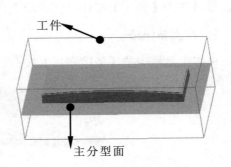

工件

主分型面

图 2-104　选取拉伸终止面　　　　　图 2-105　拉伸创建主分型面

6. 创建右侧滑块体积块

(1) 单击工具栏中的【模具体积块】按钮 ，系统进入体积块创建模式。

(2) 单击右侧工具栏中的【拉伸】按钮，此时系统弹出【拉伸】操控板，选择图 2-106 所示草绘平面和参照平面，以倒钩的四边为参照，绘制图 2-107 所示的截面草图，单击【完成】按钮。

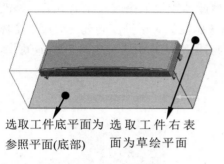

选取工件底平面为 选取工件右表
参照平面(底部)　面为草绘平面

图 2-106　定义草绘平面

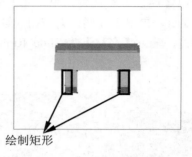

绘制矩形

图 2-107　截面草图

(3) 设置深度选项。在操控板中选中深度类型(到选定的)，选取图 2-108 所示工件的后表面为拉伸终止面，在操控板中单击【完成】按钮。最后在工具栏中单击【体积块完成】按钮，完成右侧滑块体积块的创建，如图 2-109 所示。

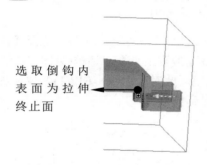

选取倒钩内
表面为拉伸
终止面

图 2-108　选取拉伸终止面

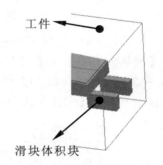

工件

滑块体积块

图 2-109　拉伸右侧滑块体积块

7. 创建左侧滑块体积块

左键选择刚刚创建出的右侧滑块体积块，然后选择菜单栏中的【编辑】→【镜像】命令，选择 MOLD_RIGHT 基准面为镜像平面，单击按钮，完成左侧滑块的创建，如图 2-110 所示。

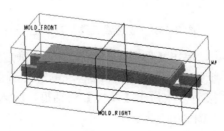

图 2-110　镜像出左侧滑块体积块

8. 分割模具体积块

(1) 第一次分割：在工具栏中单击【分割】按钮 ，在菜单管理器中选择【两个体积块】→【所有工件】→【完成】命令，系统出现【分割】对话框，单击选取右侧滑块体积块，单击【选取】对话框中【确定】按钮，再单击【分割】对话框中的【确定】按钮，系统弹出【属性】对话框，单击【着色】按钮，观察此体积块如图 2-111(a)所示，修改【名称】为1，再单击【确定】按钮。紧接着再次弹出【属性】对话框，同理完成第二个体积块的创建，输入【名称】为 Slide_Right，此体积块为右侧滑块体积块，如图 2-111(b)所示。

(a) 体积块"1"   (b) 右侧滑块体积块(Slide_Right)

图 2-111　第一次分割模具体积块

(2) 第二次分割：在工具栏中单击【分割】按钮 ，在菜单管理器中选择【两个体积块】→【模具体积块】→【完成】命令，系统出现【搜索工具】对话框(见图 2-112)，选择【项目】中的【面组：F12(1)】选项，单击 >> 按钮，此时【面组：F12(1)】被加到右侧已选取项目中，单击【关闭】按钮，返回【分割】对话框。

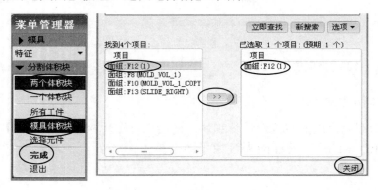

图 2-112　【搜索工具】对话框

左键选取左侧模具体积块，单击【选取】对话框中的【确定】按钮，再单击【分割】对话框中的【确定】按钮，系统弹出【属性】对话框，单击【着色】按钮，修改【名称】为2，再单击【确定】按钮。紧接着再次弹出【属性】对话框，输入【名称】为 Slide_Left，此体积块为左侧滑块体积块，如图 2-113 所示。

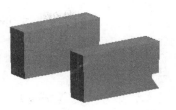

(a) 体积块"2"　　　　　　　　　　(b) 左侧滑块体积块(Slide_Left)

图 2-113　第二次分割

(3) 第三次分割：在工具栏中单击【分割】按钮 ⊟，在菜单管理器中选择【两个体积块】→【模具体积块】→【完成】命令，系统出现【搜索工具】对话框(见图 2-114)，选择【项目】中的【面组：F14(2)】选项，单击 >> 按钮，此时【面组：F14(2)】被加到右侧已选取项目中，单击【关闭】按钮。

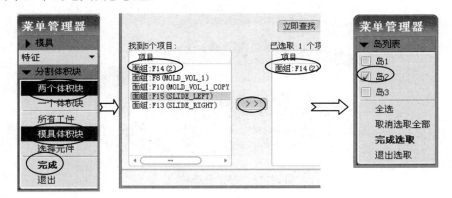

图 2-114　【搜索工具】对话框

左键选取主分型面，单击【选取】对话框中的【确定】按钮，系统弹出【岛列表】菜单管理器，选中【岛 2】复选框，单击【完成选取】按钮，系统返回【分割】对话框。单击【确定】按钮，系统弹出【属性】对话框，单击【着色】按钮，修改【名称】为cavity(即型腔)，再单击【确定】按钮。紧接着在系统弹出的【属性】对话框输入【名称】为 core(即型芯)，再单击【确定】按钮如图 2-115 所示。

图 2-115　第三次分割

9．抽取模具元件

单击工具栏的【型腔插入】按钮 ，系统弹出【创建模具零件】对话框，选择 cavity、core、Slide_Left、Slide_Right，单击【确定】按钮，完成型腔、型芯及左、右滑块零件的抽取。

10．生成浇注件

单击菜单管理器中的【制模】→【创建】命令，系统弹出【输入零件名称】输入框，在文本框中输入"ZM"，单击【完成】按钮 ✓，完成浇注任务。

11．开模操作

开模得出的结果如图 2-116 所示。

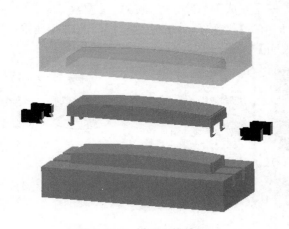

图 2-116　模具开模检测

三、任务要求

(1) 根据图 2-98 所示电池后盖三维零件图(源文件在下载文件 test\ch2\12dianchigai 中)进行分模设计，侧抽芯要求用滑块完成。

(2) 根据图 2-117 所示闹钟盖三维零件图(源文件在下载文件 test\ch2\12dianchigai 中)进行分模设计。

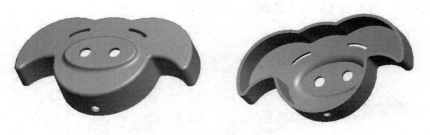

图 2-117　闹钟盖三维零件图

提示：

(1) 主分型面创建：单击工具栏中的【侧面影像曲线】按钮 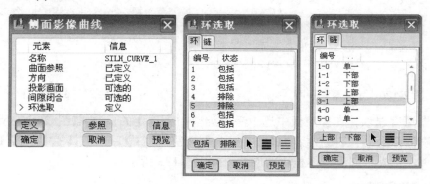，单击【环选取】→【定义】按钮，在【环选取】对话框中切换到【环】选项卡，将 4 和 5 的状态设置为【排除】(即需将侧孔的环排除在外，侧孔的分型将在下一步用体积块法操作)。再切换到【链】选项卡，将 1-1 和 1-2 的状态设置为【下部】，如图 2-118 所示。创建的侧面影像曲线如图 2-119(a)所示。

图 2-118　创建侧面影像曲线(自动分型线)

单击工具栏中的【分型面工具】按钮 ，再单击工具栏中的【裙边曲面】按钮 ，在弹出的【裙边曲面】对话框中单击【确定】按钮。创建的裙边曲面(自动分型面)如图 2-119(b)所示。

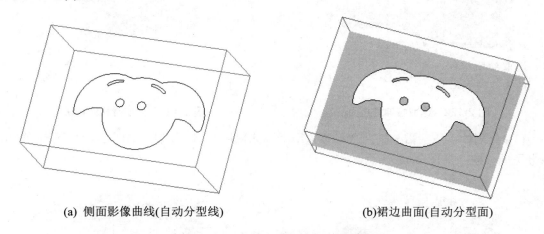

(a) 侧面影像曲线(自动分型线)　　　　　(b)裙边曲面(自动分型面)

图 2-119　自动分型线与自动分型面

(2) 滑块体积块创建：

① 单击工具栏中的【模具体积块】按钮 ，系统进入体积块创建模式。

② 单击右侧工具栏中的【拉伸】按钮 ，此时系统弹出【拉伸】操控板，选择图 2-120 所示草绘平面和参照平面。以倒钩孔的边为参照，绘制图 2-121 所示的截面草图(注意此倒钩在分型面以上，分型时需设置 3°～5°的斜度，以保证顺利合模，这一点要细心体会)，单击【完成】按钮 。

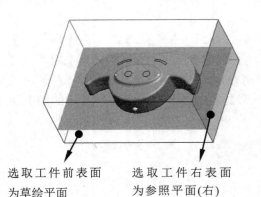

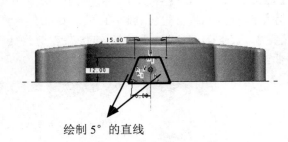

选取工件前表面
为草绘平面

选取工件右表面
为参照平面(右)

绘制 5° 的直线

图 2-120　定义草绘平面　　　　　图 2-121　截面草图

③ 设置深度选项。在操控板中选中深度类型⧊(到选定的)，选取图 2-122 所示工件的后表面为拉伸终止面，在操控板中单击【完成】按钮☑。最后在工具栏中单击【体积块完成】按钮☑，完成右侧滑块体积块的创建，如图 2-123 所示。

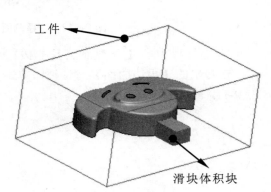

工件

选取参照零件内表
面为拉伸终止面

滑块体积块

图 2-122　选取拉伸终止面　　　　　图 2-123　拉伸滑块体积块

(3) 分割体积块：需分割两次。首先用滑块体积块 Slide 分割，如图 2-124 所示。再用主分型面分割，如图 2-125 所示。

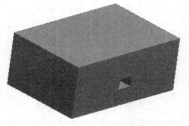

(a) 体积块"1"　　　　　　　　　　(b) 滑块体积块

图 2-124　第一次分割

(4) 开模检测：如图 2-126 所示。

(a) 型腔体积块(cavity)

(b) 型芯体积块(core)

图 2-125　第二次分割体积块

图 2-126　开模检测

四、注意事项

(1) 指导老师进行现场理实一体化教学，学生一人一台电脑在模具设计中心完成任务，同时要求学生 4 人一组进行互评、互助。

(2) 注意电脑操作规范，注意定时保存文件，防止误操作丢失文件。

(3) 认真学习并严格遵守操作规程，主动维护学习场所安全、卫生。

五、任务考核

任务考核标准如表 2-6 所示。

表 2-6　滑块体积块法分模设计操作规范和作品考核要求与评价标准

考核内容	考核点	权重	考核标准
滑块体积块法分模设计操作规范(30%)	任务分析	5%	正确确定塑件成型方法，分析模具结构，模具结构实用性强，生产经济性高，符合企业需求
	型腔数目的确定	5%	根据任务要求，确定型腔数目合理
	型腔的布局	5%	型腔布局合理
	模具分型面设计分析	5%	模具分型面设计合理，模具结构合理
	三维软件运用	10%	电脑操作规范，文档存储正确，软件运用准确
滑块体积块法分模设计作品(70%)	工作目录设置	5%	合理设计工作目录
	主分型面设计	30%	主分型面位置放置正确，设计合理，使用三维软件分模，步骤清晰
	滑块分型面设计	20%	滑块分型面设计设计合理，步骤清晰
	型芯、型腔结构	10%	模具型芯和型腔结构正确
	模型文档存储	5%	模型档案存储正确，文件名错一个扣 1 分，存储路径错误该项全扣

任务7　手机前盖的分模设计——带斜销的模具分型面设计

【任务提出】

根据图 2-127 所示手机前盖三维零件图(源文件在下载文件 test\ch2\14shouji 中)在 Pro/ENGINEER 软件中进行分模设计。塑件材料：ABS，收缩率 0.5% ，尺寸精度 MT7。

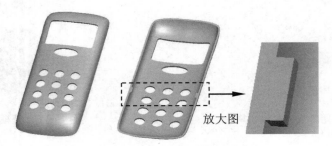

放大图

图 2-127　手机前盖三维图

【相关知识】

1．斜销侧向分型机构

当制品内侧壁有凸凹特征时(见图 2-127 所示放大图)，除了使用前面所介绍的滑块机构外，还可以使用斜销机构进行侧向分型。由于斜销在模具中所占的位置小，模具顶出时还可以起到顶杆的作用，所以在模具中广泛使用。

2．斜销分模的操作流程

斜销分模的操作流程如图 2-128 所示。

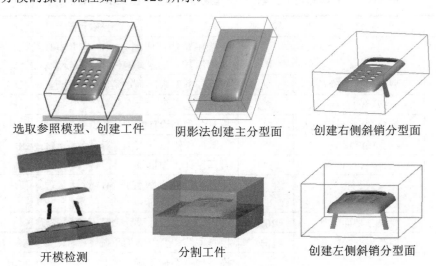

选取参照模型、创建工件　　　阴影法创建主分型面　　　创建右侧斜销分型面

开模检测　　　分割工件　　　创建左侧斜销分型面

图 2-128　斜销分模的操作流程

【任务实施】

一、准备工作

根据图 2-127 所示手机前盖三维零件图(源文件在下载文件 test\ch2\14shouji 中)，打开 Pro/ENGINEER 软件，设置好工作目录，并初步分析该塑件的分型形状及分型面设计的方法。

二、实施步骤

1．新建文件

单击工具栏中的 按钮，系统弹出【新建】对话框，选择【制造】→【模具型腔】，取消选中【使用缺省模板】复选框，在【名称】文本框中输入"shouji"，单击【确定】按钮，在弹出的【新文件选项】对话框中选择 mmns-mfg-mold 选项，即选择公制单位，最后单击【确定】按钮，完成新建任务。

2．定义参照模型

(1) 单击右侧工具栏中的【型腔布局】按钮 ，系统弹出【打开】和【布局】对话框，在【打开】对话框中选择 shouji 文件并打开，此时系统弹出【创建参照模型】对话框，选择【按参照合并】单选按钮，单击【确定】退出此对话框。

(2) 随后在【布局】对话框中，单击【参照模型起点与定向】选项组中的 按钮，系统弹出【获得坐标系类型】菜单管理器和零件的参照模型窗口，选取【动态】选项，系统弹出【参照模型方向】对话框，在此对话框中单击【对齐轴】→Z 按钮(Z 轴方向即开模方向)，选择手机壳的底平面，选择菜单管理器中的【反向】→【确定】，如图 2-129 所示。

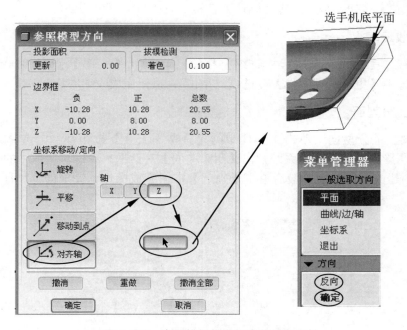

图 2-129　参照模型起点与定向对齐 Z 轴

(3) 单击【参照模型方向】对话框中的【平移】→Z 按钮，将滑块拖至最左端(此时值显示为 4.28)。再单击【旋转】→Z 按钮，输入【值】为"-90"。最后单击【确定】按钮(见图 2-130)，返回【布局】对话框。

(4) 返回【布局】对话框后，单击【预览】按钮，查看放置好的参照零件(见图 2-131)，单击【确定】按钮，完成参照零件的放置。

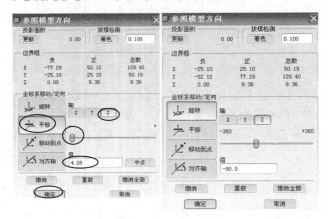

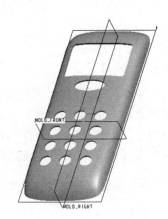

图 2-130　参照模型起点与定向平移/旋转 Z 轴　　　　图 2-131　放置参照模型

3．自动创建工件

单击右侧工具栏中的【自动工件】按钮，系统弹出【自动工件】对话框，单击对话框中的【模具原点选择】按钮，然后选择模具原点坐标 MOLD_DEF_CSYS，在【统一偏移】文本框中输入"20"，将整体尺寸 X、Y、+Z 型芯、-Z 型芯文本框中的数值取整，单击【预览】按钮，最后单击【确认】按钮，完成自动工件的创建。

4．设置收缩率

单击右侧工具栏中的【按尺寸收缩】按钮，设计【比率】值为 0.005(收缩率为0.5%)，取消选中【更改设计零件】复选框，单击按钮完成收缩率设置。

5．创建主分型面

阴影法设置主分型面。单击工具栏中的【分型面工具】按钮，选择菜单栏中的【编辑】→【阴影曲面】命令，系统弹出【阴影曲面】对话框。单击对话框中的【预览】按钮，预览所创建的阴影曲面，最后单击【确定】按钮完成操作。完成的分型面如图 2-132所示。

图 2-132　阴影法创建主分型面

6．复制、拉伸法创建右侧斜销分型面

1）复制参照模型内表面

单击工具栏中的【分型面工具】按钮 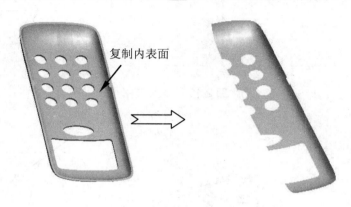，在【智能过滤器】下拉列表框中选择【几何】选项(只能选择曲面、边线等几何特征)，接着选择参照模型的内表面。然后单击工具栏中的【复制】按钮 🗐，再单击【粘贴】按钮 🗐，选中的曲面以虚线网格形式出现，最后单击【复制曲面】对话框中的【确认】按钮 ✓，完成曲面的复制如图 2-133 所示。

复制内表面

图 2-133　复制参照零件内表面

2）拉伸法建立曲面

(1) 单击右侧工具栏中的【拉伸】按钮 🗗，此时系统弹出【拉伸】操控板，选择图 2-134 所示草绘平面和参照平面，绘制图 2-135 所示的截面草图，在草绘工具栏中单击【完成】按钮 ✓。

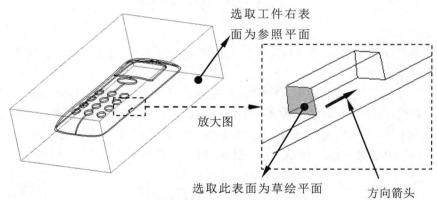

选取工件右表面为参照平面

放大图

选取此表面为草绘平面　　　方向箭头

图 2-134　定义草绘平面和参照平面

(2) 设置深度选项。在操控板中选中深度类型 ⊥(到选定的)，选取图 2-136 所示的平面为拉伸终止面，在操控面板中单击【选项】按钮，在【选项】对话框中选中【封闭端】复选框。最后单击【完成】按钮 ✓。

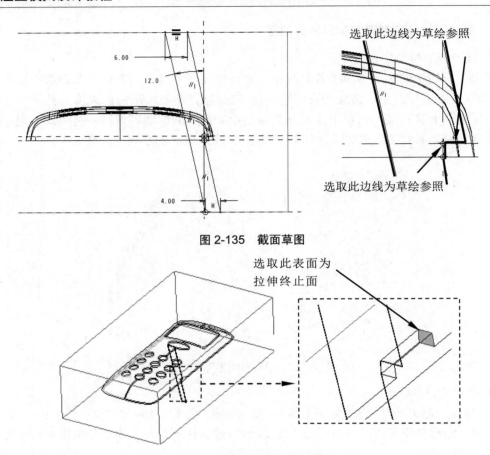

图 2-135   截面草图

图 2-136   选取拉伸终止面

3) 合并曲面

上两步完成的复制分型面和拉伸分型面创建如图 2-137(a)所示，需将这两个曲面合并以形成斜销分型面组。

在模型树中按住 Ctrl 键选择刚刚创建完成的复制分型面和拉伸分型面，单击工具栏中的【合并】按钮 ⬡，系统弹出【合并】操控面板，修改保留侧方向箭头如图 2-137(b)所示(预览带栅格的面为保留面)，单击【合并】操控面板中的【完成】按钮 ✔。最后单击右侧分型面工具栏中的【完成】按钮 ✔。完成的斜销分型面如图 2-137(c)所示。

复制分型面

拉伸分型面

(a) 复制分型面和拉伸分型面　　　　(b) 合并分型面　　　　(c) 斜销分型面

图 2-137   创建斜销分型面

7. 镜像法创建左侧斜销分型面

左键选择刚刚创建出的右侧斜销分型面组，然后单击菜单栏中的【编辑】→【镜像】命令，选择 MOLD_RIGHT 基准面为镜像平面，单击 ✔ 按钮，完成左侧斜销分型面的创建，如图 2-138 所示。

8. 分割模具体积块

(1) 第一次分割：在工具栏中单击【分割】按钮 ⊟，在菜单管理器中选择【两个体积块】→【所有工件】→【完成】命令，系统出现【分割】对话框，单击选取右侧斜销分型面，单击【选取】对话框中【确定】按钮，再单击【分割】对话框中的【确定】按钮，系统弹出【属性】对话框，单击【着色】按钮，观察此体积块如图 2-139(a)所示，修改【名称】为 Pin_Right，此体积块为右侧斜销体积块，再单击【确定】按钮。紧接着再次弹出【属性】对话框，同理完成第二个体积块的创建，输入【名称】为 1(此体积块还需进一步分割)，如图 2-139(b)所示。

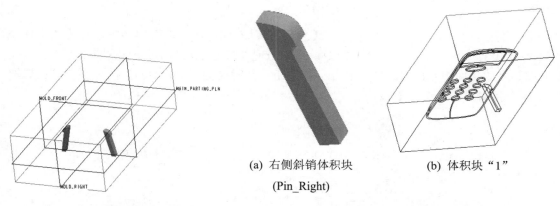

(a) 右侧斜销体积块
(Pin_Right)

(b) 体积块"1"

图 2-138　镜像斜销分型面　　　　　　图 2-139　第一次分割模具体积块

(2) 第二次分割：在工具栏中单击【分割】按钮 ⊟，在菜单管理器中选择【两个体积块】→【模具体积块】→【完成】命令，系统出现【搜索工具】对话框(见图 2-140)，选择【项目】中的【面组：F14(1)】选项，单击 >> 按钮，此时【面组：F14(1)】被加到右侧已选取项目中，单击【关闭】按钮，返回【分割】对话框。

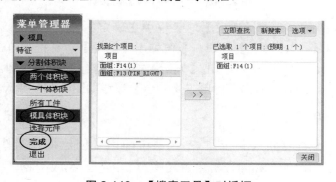

图 2-140　【搜索工具】对话框

左键选取左侧斜顶分型面，单击【选取】对话框中【确定】按钮，再单击【分割】对话框中的【确定】按钮，系统弹出【属性】对话框，单击【着色】按钮，如图 2-141(a)所示，修改【名称】为 2，再单击【确定】按钮。紧接着再次弹出【属性】对话框，输入【名称】为 Pin_Left，此体积块为左侧斜顶体积块，如图 2-141(b)所示。

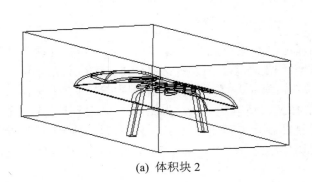

(a) 体积块 2　　　　　　　　　　　　　　　(b) 左侧斜顶体积块(Pin _Left)

图 2-141　第二次分割

(3) 第三次分割：在工具栏中单击【分割】按钮 ⊟，在菜单管理器中选择【两个体积块】→【模具体积块】→【完成】命令，系统出现【搜索工具】对话框(见图 2-142)，选择【项目】中的【面组：F15(2)】，单击 >> 按钮，此时【面组：F15(2)】被加到右侧已选取项目中，接着单击【关闭】按钮。

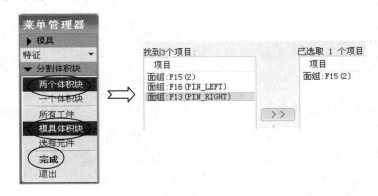

图 2-142　【搜索工具】对话框

单击选取主分型面，单击【选取】对话框中【确定】按钮，系统返回【分割】对话框。单击【分割】对话框【确定】按钮，系统弹出【属性】对话框，单击【着色】按钮，修改【名称】为 cavity(即型腔)，再单击【确定】按钮。紧接着在系统弹出的【属性】对话框中输入【名称】为 core(即型芯)，再单击【确定】按钮如图 2-143 所示。

9．抽取模具元件

单击工具栏的【型腔插入】按钮 ⏫，系统弹出【创建模具零件】对话框，选择 cavity、core、Pin_Left、Pin_Right，再单击【确定】按钮，完成型腔、型芯及左、右斜销零件的抽取。

10．生成浇注件

单击菜单管理器的【制模】→【创建】命令，系统弹出【输入零件名称】输入框，在文本框中输入"ZM"，单击【完成】按钮☑，完成浇注任务。

11．开模操作

开模得出的结果如图 2-144 所示。

图 2-143　第三次分割

图 2-144　模具开模检测

三、任务要求

根据图 2-127 所示手机前盖三维零件图(源文件在下载文件 test\ch2\14shouji 中)进行分模设计，侧抽芯要求用斜销完成。塑件材料：ABS，收缩率 0.5%，尺寸精度 MT7。

四、注意事项

(1) 指导老师进行现场理实一体化教学，学生一人一台电脑在模具设计中心完成任务，同时要求学生 4 人一组进行互评、互助。

(2) 注意电脑操作规范，注意时刻保存文件，防止误操作丢失文件。

(3) 认真学习并严格遵守操作规程，主动维护学习场所安全、卫生。

五、任务考核

任务考核标准如表 2-7 所示。

表 2-7　斜销分型面设计操作规范和作品考核要求与评价标准

考核内容	考 核 点	权 重	考核标准
斜销分型面设计操作规范(30%)	任务分析	5%	正确确定塑件成型方法，分析模具结构，模具结构实用性强，生产经济性高，符合企业需求
	型腔数目的确定	5%	根据任务要求，确定型腔数目合理
	型腔的布局	5%	型腔布局合理
	模具分型面设计分析	5%	模具分型面设计合理，模具结构合理
	三维软件运用	10%	电脑操作规范，文档的存储正确，三维软件运用准确

续表

考核内容	考 核 点	权 重	考核标准
斜销分型面设计作品(70%)	工作目录设置	5%	合理设计工作目录
	主分型面设计	30%	分型面位置放置正确，设计合理，使用三维软件分模，步骤清晰
	斜销分型面设计	20%	斜销分型面设计设计合理，步骤清晰
	型芯、型腔结构	10%	模具型芯和型腔结构正确
	模型文档存储	5%	模型档案存储正确，文件名错一个扣1分，存储路径错误该项全扣

任务8 电脑A字按键的分型面设计——一模多穴的模具设计

【任务提出】

根据图 2-145 所示 A 字按键三维零件图(源文件在下载文件 test\ch2\15Aanjian 中)进行一模四穴分模设计。塑件材料：ABS，收缩率 0.5% ，尺寸精度 MT7。

图 2-145   A字按键三维图

【相关知识】

1．一模多穴的模具设计

一个模具中可以含有多个相同的型腔，注射时便可以同时获得多个成型零件，这就是一模多穴模具。

(1) 模具布局：图 2-146 为一模二穴模具布局图例。

(2) 浇注系统：浇注系统是指模具中由注射机喷嘴到型腔之间的进料通道。普通浇注系统一般由主流道、分流道、浇口和冷料穴等四部分组成。通常主流道和冷料穴在调模架中再生成，在分模时需将分流道和浇口设计出来。

在设计多型腔模具的浇注系统时应设置分流道。分流道作用是改变熔体流向，使其以平稳的流态均衡地分配到各个型腔。圆形分流道是常用的分流道截面形式，对于大多数塑料，圆形分流道截面直径常取 5～6mm。

浇口也称为进料口，是连接分流道与型腔的熔体通道。侧浇口国外称为标准浇口，为一模多穴模具常用的浇口形式，其截面形状多为矩形(扁槽)。侧浇口常见形式如图 2-147 所示。图中参数 b=1.5～5.0mm，h=0.5～2.0mm，L=0.7～2.0mm。

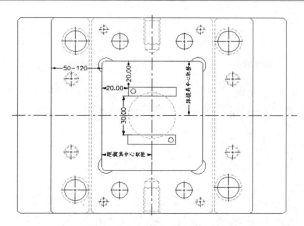

图 2-146　一模二穴模具布局

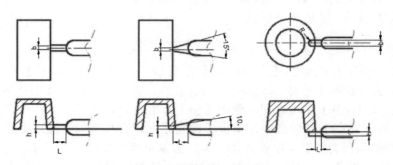

图 2-147　侧浇口的形式

注意： 浇口在最初的设计中应尽量小些，模具试模后如果浇口过小可以重新再加大。浇口在加工过程中加大尺寸容易，缩小比较困难，需对浇口进行烧焊处理。

2. 一模多穴模具设计的操作流程

一模多穴模具设计的操作流程如图 2-148 所示。

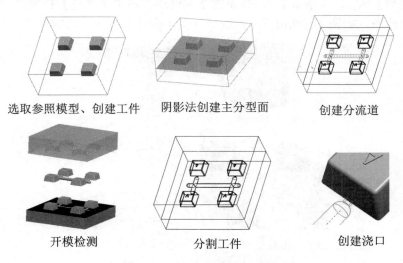

图 2-148　一模多穴模具设计的操作流程

【任务实施】

一、准备工作

根据图 2-145 所示 A 字按键三维零件图(源文件在下载文件 test\ch2\15Aanjian 中),打开 Pro/ENGINEER 软件,设置好工作目录,并初步分析该塑件的分型形状及分型面设计的方法。

二、实施步骤

1. 新建文件

单击工具栏中的 ▯ 按钮,系统弹出【新建】对话框,选择【制造】→【模具型腔】,取消选中【使用缺省模板】复选框,在【名称】文本框中输入"Aanjian",单击【确定】按钮,在弹出的【新文件选项】对话框中选择 mmns-mfg-mold 选项,即选择公制单位,最后单击【确定】按钮,完成新建任务。

2. 定义参照模型

(1) 单击右侧工具栏中的【型腔布局】按钮 ᠌,系统弹出【打开】和【布局】对话框,在【打开】对话框中选择 Aanjian 文件并打开,此时系统弹出【创建参照模型】对话框,选择【按参照合并】单选按钮,单击【确定】退出此对话框。

(2) 随后在【布局】对话框中,单击【参照模型起点与定向】选项组中的 ▸ 按钮,系统弹出【获得坐标系类型】菜单管理器和零件的参照模型窗口,选择【动态】选项,系统弹出【参照模型方向】对话框,在此对话框中单击【对齐轴】→Z 按钮(Z 轴方向即开模方向),选择 Top 基准平面,单击菜单管理器中的【确定】按钮,再单击【参照模型方向】对话框中的【确定】按钮。

(3) 返回【布局】对话框后,单击【预览】按钮,查看放置好的参照零件如图 2-149(a)所示,此时放置的参照零件为一模一穴。接着选择【布局】选项组中的【矩形】和【方向】选项【X 对称】单选按钮,在【矩形】选项组中设置 X【型腔】为 2,【增量】为 50;Y 的【型腔】为 2,【增量】为 50(见图 2-149(c)),单击【预览】按钮,此时放置的参照零件为一模四穴,如图 2-149(b)所示。最后单击【确定】按钮,完成参照零件的放置。

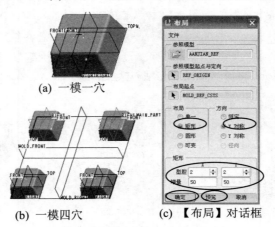

(a) 一模一穴

(b) 一模四穴

(c) 【布局】对话框

图 2-149 一模四穴模具布局

3．自动创建工件

单击右侧工具栏中的【自动工件】按钮▱，系统弹出【自动工件】对话框，单击对话框中的模具原点【选择】按钮⬚，然后选择模具原点坐标 MOLD_DEF_CSYS，在【统一偏移】文本框中输入"20"，将整体尺寸 X、Y、+Z 型芯、-Z 型芯文本框中的数值取整，单击【预览】按钮，最后单击【确认】按钮，完成自动工件的创建。

4．设置收缩率

单击右侧工具栏中的【按尺寸收缩】按钮🐗，选择 4 个参照模型中的任一个模型，设置【比率】值为 0.005(收缩率为 0.5%)，取消选中【更改设计零件】复选框，单击☑ 按钮完成收缩率设置。

> **注意：** 设置收缩率时，只需选择 4 个参照模型中的任一个模型，其他 3 个参照模型也会同时收缩。完成收缩后可选择菜单管理器中的【收缩】→【收缩信息】，系统弹出收缩【信息窗口】对话框，如图 2-150 所示，以确认收缩率的设置。

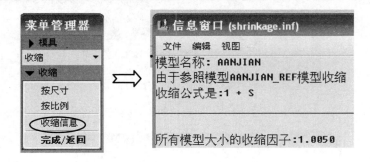

图 2-150　收缩信息

5．创建分型面

阴影法设置分型面。单击工具栏中的【分型面工具】按钮▱，选择菜单中的【编辑】→【阴影曲面】命令，系统弹出【阴影曲面】对话框。按住 Ctrl 键选择 4 个参照零件，单击【选取】对话框中的【确定】按钮，然后单击菜单管理器中的【完成参考】选项。此时系统提示"选取一切断面"，选取 MAIN_PARTING_PLN 基准面，单击【选取】对话框中的【确定】按钮，然后单击菜单管理器中的【完成/返回】命令，再单击对话框中的【预览】按钮，预览所创建的阴影曲面，然后单击【确定】按钮。最后单击分型面工具栏中的【确认】按钮☑。完成的分型面如图 2-151 所示。

6．创建分流道

(1) 单击菜单管理器中的【插入】→【流道】，系统弹出【流道】对话框以及【形状】菜单管理器，如图 2-152 所示。单击【倒圆角】(即圆形截面流道)，输入流道直径为5，单击【确认】按钮☑。

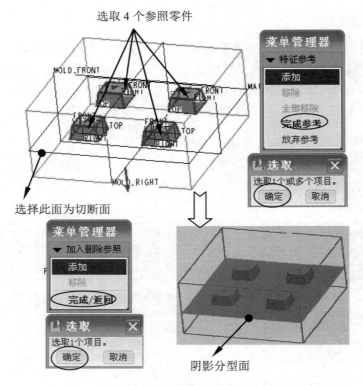

图 2-151　阴影法创建分型面

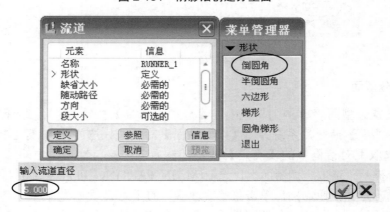

图 2-152　【流道】对话框

(2) 选择 MAIN_PARTING_PLN 为草绘平面，单击鼠标中键确认并进入草绘模式，绘制如图 2-153 所示截面。

(3) 单击【确认】按钮 退出草绘模式，系统弹出【相交元件】对话框(见图 2-154)，单击【自动添加】→ 按钮(此时工件 AANJIAN_WRK 将自动添加到对话框中)，再单击【确定】按钮，完成的分流道如图 2-155 所示。

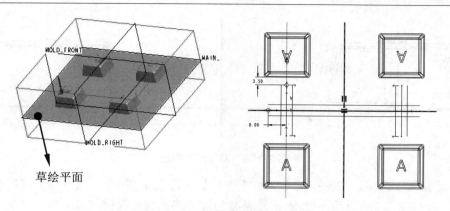

图 2-153　草绘平面及截面草图

图 2-154　【相交元件】对话框

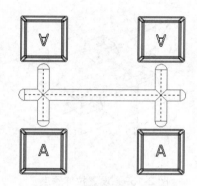

图 2-155　完成的分流道

7．创建浇口

(1) 单击菜单管理器中的【插入】→【拉伸】命令，系统弹出【拉伸】操控面板，选择如图 2-156 所示 MOLD_FRONT 基准面为草绘平面，绘制图 2-157 所示矩形截面，然后在截面草图中镜像出另一侧的矩形，如图 2-158 所示。单击【确认】按钮 ☑ 退出草绘模式。

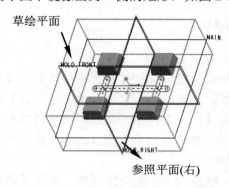

图 2-156　草绘平面与参照平面

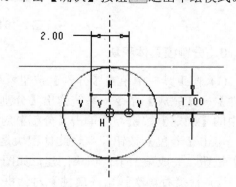

图 2-157　矩形截面草图

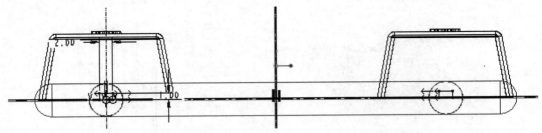

图 2-158　两个矩形截面

(2) 设置深度选项。在操控板中单击【选项】，选取【侧 1】、【侧 2】深度类型 ⊥(到选定的)，选取图 2-159 所示两参照零件表面为拉伸终止面，在操控板中单击【完成】按钮 ✅，完成浇口的创建，如图 2-160 所示。

两参照零件表面
为拉伸终止面

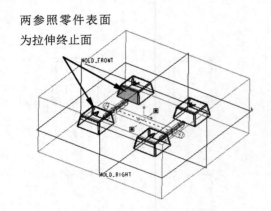

图 2-159　设置拉伸深度

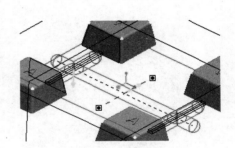

图 2-160　拉伸出矩形浇口

完成的分流道和浇口如图 2-161 所示。

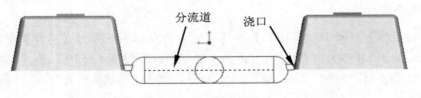

图 2-161　分流道及浇口

8．分割模具体积块

(1) 在工具栏中单击【分割】按钮 ⬚，在菜单管理器中选择【两个体积块】→【所有工件】→【完成】命令，系统弹出【分割】对话框，单击选取分型面，单击【选取】对话框中的【确定】按钮，再单击【分割】对话框中的【确定】按钮，系统弹出【属性】对话框，单击【着色】按钮，观察此体积块是型腔零件，修改【名称】为 cavity，再单击【确定】按钮，完成第一个体积块创建，如图 2-162(a)所示。

(2) 紧接着再次弹出【属性】对话框，同理完成第二个体积块的创建，输入【名称】为 core，此体积块为型芯体积块，如图 2-162(b)所示。

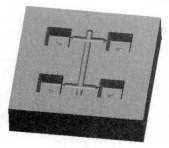
(a) 型腔体积块(cavity)

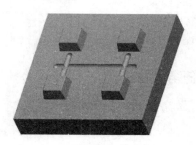
(b) 型芯体积块(core)

图 2-162　分割模具体积块

9．抽取模具元件

单击工具栏中的【型腔插入】按钮，系统弹出【创建模具零件】对话框，单击【全选】按钮，再单击【确定】按钮，完成型腔、型芯零件的抽取。

10．生成浇注件

单击菜单管理器中的【制模】→【创建】命令，系统弹出【输入零件名称】输入框，在文本框中输入"ZM"，单击【完成】按钮，完成浇注任务。完成的浇注件如图 2-163所示。

11．开模操作

开模得出的结果如图 2-164 所示。

图 2-163　制模形成的浇注件

图 2-164　模具开模检测

三、任务要求

根据图 2-145 所示 A 字按键三维零件图(源文件在下载文件 test\ch2\15Aanjian 中)进行分模设计，同时要求设计出分流道和浇口。塑件材料：ABS，收缩率 0.5%，尺寸精度 MT7。

四、注意事项

(1) 指导老师进行现场理实一体化教学，学生一人一台电脑在模具设计中心完成任务,同时要求学生 4 人一组进行互评、互助。

(2) 注意电脑操作规范,注意定时保存文件,防止误操作丢失文件。

(3) 认真学习并严格遵守操作规程,主动维护学习场所安全、卫生。

五、任务考核

任务考核标准如表 2-8 所示。

表 2-8　一模多穴的模具设计操作规范和作品考核要求与评价标准

考核内容	考核点	权重	考核标准
一模多穴模具设计操作规范(30%)	任务分析	5%	正确确定塑件成型方法,分析模具结构,模具结构实用性强,生产经济性高,符合企业需求
	型腔数目的确定	5%	根据任务要求,确定型腔数目合理
	型腔的布局	5%	型腔布局合理
	模具分型面设计分析	5%	模具分型面设计合理,模具结构合理
	三维软件运用	10%	电脑操作规范,文档的存储正确,三维软件运用准确
一模多穴设计作品(70%)	工作目录设置	5%	合理设计工作目录,
	分型面设计	30%	分型面位置放置正确,设计合理,使用三维软件分模,步骤清晰
	分流道、浇口设计	20%	分流道、浇口设计合理,使用三维软件分模,步骤清晰
	型芯、型腔结构	10%	模具型芯和型腔结构正确
	模型文档存储	5%	模型档案存储正确,文件名错一个扣 1 分,存储路径错误该项全扣

小　　结

本项目介绍了分型面的定义,详细讲解了分型面的选择原则。重点讲解了分型面的设计方法,包括拉伸法、填充法、复制延伸法、阴影法、裙边法及体积块法等。要细心体会各种分型面的设计方法,灵活运用各种方法设计分型面。

本项目的难点是带倒钩的塑件分型面的设计,介绍了带滑块和带斜销的模具分型面设计。

利用 Pro/ENGINEER 软件进行模具分型面设计时一定要注意分型面的选择原则,同时要结合注塑模的相关知识合理进行分型面设计。

练　　习

1. 按照图 2-165 L 形塑件三维零件图(源文件在下载文件 test\ch2\lianxi2\1 中)进行一模

四穴分模设计。塑件材料：ABS，收缩率 0.5%，尺寸精度 MT7。

图 2-165   L 形塑件三维图

2．按照图 2-166 外壳塑件三维零件图(源文件在下载文件 test\ch2\lianxi2\2 中)进行一模二穴分模设计。塑件材料：ABS，收缩率 0.5%，尺寸精度 MT7。

图 2-166   外壳塑件三维图

3．按照图 2-167 塑件三维零件图(源文件在下载文件 test\ch2\lianxi2\3 中)进行一模四穴分模设计。塑件材料：ABS，收缩率 0.5%，尺寸精度 MT7。

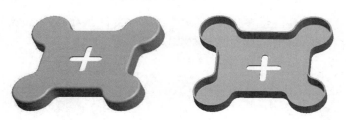

图 2-167   塑件三维图

4．按照图 2-168 塑件三维零件图(源文件在下载文件 test\ch2\lianxi2\4 中)进行一模二穴分模设计。塑件材料：ABS，收缩率 0.5%，尺寸精度 MT7。

图 2-168   塑件三维图

5．按照图 2-169 塑件三维零件图(源文件在下载文件 test\ch2\lianxi2\5 中)进行一模二穴分模设计。塑件材料：ABS，收缩率 0.5%，尺寸精度 MT7。

图 2-169　塑件三维图

6．按照图 2-170 塑件三维零件图(源文件在下载文件 test\ch2\lianxi2\6 中)进行一模二穴分模设计。塑件材料：ABS，收缩率 0.5%，尺寸精度 MT7。

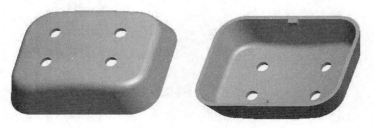

图 2-170　塑件三维图

7．按照图 2-171 塑件三维零件图(源文件在下载文件 test\ch2\lianxi2\7 中)进行一模二穴分模设计。塑件材料：ABS，收缩率 0.5%，尺寸精度 MT7。

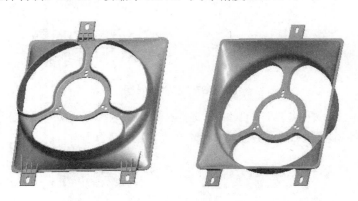

图 2-171　塑件三维图

8．按照图 2-172 塑件三维零件图(源文件在下载文件 test\ch2\lianxi2\8 中)进行一模四穴分模设计。塑件材料：ABS，收缩率 0.5%，尺寸精度 MT7。

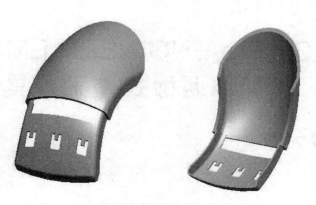

图 2-172　塑件三维图

9. 按照图 2-173 塑件三维零件图(源文件在下载文件 test\ch2\lianxi2\9 中)进行一模一穴分模设计。塑件材料：ABS，收缩率 0.5%，尺寸精度 MT7。

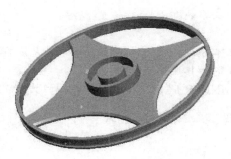

图 2-173　塑件三维图

项目 3　Pro/ENGINEER EMX 6.0 简单两板式注射模具设计

【**教学时数**】20 学时

【**培养目标**】

能力目标

(1) 会根据不同的塑件及任务要求选用注射模具标准模架。

(2) 会运用 Pro/ENGINEER EMX 6.0 进行注射模具设计，包括添加标准模架、定义浇注系统、添加标准元件、添加顶出机构、添加冷却系统、调入锁模螺钉等零件，模拟开模过程并进行干涉分析。

(3) 会绘制型芯、型腔及总装配工程图。

知识目标

(1) 掌握注射成型的基本原理，了解注射成型基本工艺流程。

(2) 掌握简单两板式注射模具典型结构。

(3) 了解运用 Pro/ENGINEER EMX 6.0 进行注射模具设计的流程。

【**教学手段**】任务驱动、理实一体化教学

【**教学内容**】

任务 1　电脑 A 字按键塑件简单两板式注射模具设计

【任务提出】

根据项目 2 中的任务 8 电脑键盘 A 字按键塑件进行注射模具设计。塑件材料：ABS，收缩率 0.5%，尺寸精度 MT7。

【相关知识】

1. 注射成型原理及注射模模架

1) 注射成型原理

注射成型又称为射出成型、注塑成型，它是当今成型热塑性塑料制件的主要方法。注射成型原理是将熔融树脂射出于模具的模腔中，置换模腔中的空气，使充填的树脂冷却固化而得成型品，而且其成型常以大量生产为前提，要求高度的生产性。

注射成型的设备多为使用螺杆式(还有柱塞式)推进器的卧式(还有立式和角式)注射机。螺杆式注射机注射成型工作原理如图 3-1 所示。

2) 注射成型基本工艺流程

注射成型基本工艺流程：合模→加料塑化→充模保压→冷却固化→脱模取件→合模，

如此循环。每一次循环(即一个注射周期)完成一次注射工艺，生产出一个或多个塑件。

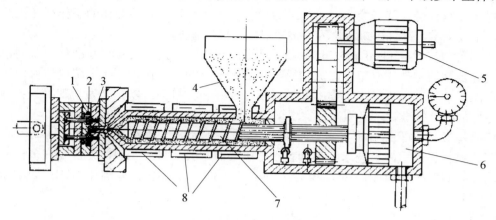

图 3-1　螺杆式注射机注射成型工作原理

1—动模　2—塑件　3—定模　4—料斗　5—传动装置　6—油缸　7—螺杆　8—加热器

(1) 加料塑化过程：从料斗加粒料入料筒→电加热料筒使颗粒状塑料熔化→达到规定温度(塑化温度)后转动螺杆，开始注射。

(2) 充模保压过程：塑料熔体从注射机喷嘴喷出→经由浇注系统进入模具型腔→排气保压使塑料熔体充填满整个模具型腔。

(3) 冷却固化过程：向冷却系统(一般为水路，或称水线)加注冷却水(一般为 5～10℃)→模具型腔降温冷却→塑料定形成为塑件。

(4) 脱模取件过程：装在注射机上的定模不动，动模由驱动机构驱动后退适当距离→驱动机构驱动推件板、推杆固定板→用推杆(推件板或推管)顶出塑件。

3) 注射模模架

(1) 模架(mould base)：模架也称模体，是注射模的骨架和基体，模具的每一部分都寄生其中。模架的主要零件如图 3-2 所示，从图中可以看出，除型腔和型芯结构取决于塑件外，模架的其余部分都极其相似。

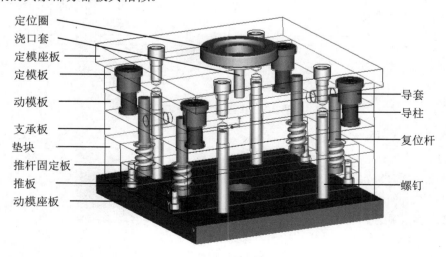

图 3-2　模架的基本结构

模架是设计、制造塑料注射模的基础部件，为了适应大规模成批量生产塑料成型模具，提高模具精度，降低模具成本，缩短模具制造周期，模具标准化的工作现在已经基本完成，市场上有标准件出售，这为制造注射模具提供了便利条件。

(2) 标准模架(standard mould base)：是指由结构、形式和尺寸都标准化、系列化并具有一定互换性的零件成套组合而成的模架。我国于 1990 年正式颁布了塑料注射模模架的国家标准，在标准中规定了主要零件的形状、尺寸和材料等。以标准为基础组装各种各样功能零件的模具标准件，近年来已实现了标准化。

模具标准化对于提高模具设计和制造水平、提高模具质量、缩短制模周期、降低成本、节约材料和采用高新技术，都具有十分重要的意义。目前，国内外已有许多标准模架可供用户订购，如 FUTABA 标准模架(日本)、HASCO 标准模架(德国)、DME(美国)和龙记模架(LKM)等。

(3) 标准模架的选用(经验法——适用于大型模具)。

① 模架与镶块尺寸的确定。

模具的大小主要取决于塑件的大小和结构，对于模具而言，在保证足够强度的前提下，结构越紧凑越好。根据产品的外形尺寸(平面投影面积与高度)，以及产品本身结构(侧向分型滑块等结构)可以确定镶件(又称模仁)的外形尺寸，确定好镶件的大小后，可大致确定模架的大小了。

普通塑件模具模架与镶件大小的选择，可参考图 3-3 及表 3-1 中的数据。

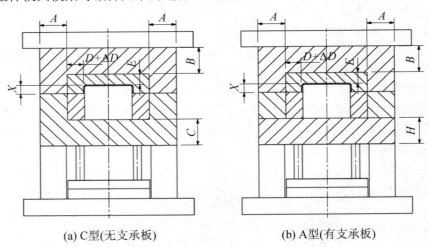

(a) C型(无支承板)　　　　　　(b) A型(有支承板)

图 3-3　模架尺寸的确定

A—表示镶件侧边到模板侧边的距离；

B—表示定模镶件底部到定模板底面的距离；

C—表示动模镶件底部到动模板底面的距离；

D—表示产品到镶件侧边的距离；

E—表示产品最高点到镶件底部的距离；

H—表示动模支承板的厚度(当模架为 A 型时)；

X—表示产品高度。

表3-1　模架尺寸的选择参考表

产品投影面积 S/mm²	A	B	C	H	D	E
100~900	40	20	30	30	20	20
900~2500	40~45	20~24	30~40	30~40	20~24	20~24
2500~6400	45~50	24~30	40~50	40~50	24~28	24~30
6400~14400	50~55	30~36	50~65	50~65	28~32	30~36
14400~25600	55~65	36~42	65~60	65~80	32~36	36~42
25600~40000	65~75	42~48	80~95	80~95	36~40	42~48
40000~62500	75~85	48~56	95~115	95~115	40~44	48~54
62500~90000	85~95	56~64	115~135	115~135	44~48	54~60
90000~122500	95~105	64~72	135~155	135~155	48~52	60~66
122500~160000	105~115	72~80	155~175	155~175	52~56	66~72
160000~202500	115~120	80~88	175~195	175~195	56~60	72~78
202500~250000	120~130	88~96	195~205	195~205	60~64	78~84

注：以上数据，仅作为一般性结构塑件摸架参考，对于特殊的塑件应注意以下几点：

① 当产品高度过高时(产品高度 $X \geqslant D$)，应适当加大 D，加大值 $\triangle D = (X-D)/2$；

② 有时为了满足冷却水道的需要对镶件的尺寸加以调整，以达到较好冷却效果；

③ 结构复杂需做特殊分型或顶出机构，或有侧向分型结构需做滑块时，应根据不同情况适当调整镶件和模架的大小以及各模板厚度，以保证模架的强度。

② 垫块高度的确定：垫块的高度应保证足够的顶出行程，然后留出一定的余量(5~10mm)，以保证完全顶出时，推杆固定板不至于撞到动模或动模支承板。因此，垫块高度可按如下公式计算：

$$垫块高度=推出行程+推板厚度+推杆固定板厚度+(5~10)mm$$

其中，推出行程应大于凸模在主分型面上的高度。

③ 模架整体结构的确定：在基本选定模架之后，应对模架整体结构进行校核，看所确定的模架是否适合所选定或客户给定的注射机，包括模架外形的大小、厚度、最大开模行程、顶出方式和顶出行程等。

④ 标准模架的标记方法：虽然各国还没有统一的标准模架标记方法，但一般还是采用以下方法标记：

品种型号—规格(长×宽)—板厚

例如：SC 1520－40－35－50 表示为 SC 型(FUTABA 标准模架)，长(指 A、B 板的长)150mm，宽(指 A、B 板的宽)200mm，A、B、C 各板的厚度分别为 40、35、50mm，如图 3-4 所示。

⑤ 标准模架选用举例：现有一塑件型腔平面尺寸为 100mm×150mm，高为 10mm，决定采用直接浇口，塑件用推杆推出，试选择标准模架。

解：从表 3-1 可查得：该产品投影面积为 S=100mm×150mm=15000mm²。

选择 C 型结构，可查得：A=55mm，D=32mm

则模具宽：$N=[(55+32)\times2+100]$mm=274mm

模具长：$L=[(55+32)\times2+150]$mm=324mm

查 FUTABA 标准模架 SC 型选定为 $N\times L=290\times350$ 型标准化模架。

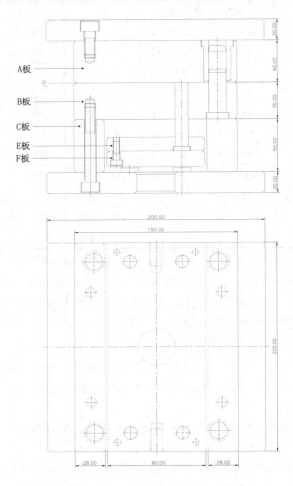

图 3-4　FUTABA 标准模架 SC 型的结构

2．简单两板式注射模具设计

1) 简单两板式注射模具典型结构

两板式注射模具是最基本、最简单，也是最常用的一种注射模具。浇口为非点浇口(侧浇口、直浇口、潜伏式浇口等)。它的优点是构造简单、制造容易、成本低廉、维修方便。其他形式的注射模具都是以两板式注射模具作为设计与制造的主要依据。其两板是安装在注射机固定板上的定模板(常叫 A 板)和安装在注射机可动板上的动模板(常叫 B 板)。在主开模方向上，两板之间只构成一个分型面。

模具合模时如图 3-5(a)所示。开模时，动模随注射机移动板向左移动，模具即从分型面分开，塑件 13 包紧在型芯 5 上随动模部分一起向左移动而脱离型腔 12。同时，浇注系统凝料在拉料杆 18 的作用下和塑件一起向左移动。移动一定距离后，当注射机的推杆 21

推动推板 17 时，脱模机构开始动作，推杆 19 推动塑件从型芯 5 上脱落下来，浇注系统凝料同时被拉料杆 18 推出，如图 3-5(b)所示。然后由人工将塑件及浇注系统凝料从分型面取出。合模时，动模随注射机移动板向右移动，在导柱 14 和导套 6 的导向定位作用下，动定模闭合。在闭合过程中，弹簧 20(如果没有弹簧则由复位杆和定模板 7 作用)推动推杆固定板使脱模机构复位。然后，注射机开始下一次注射循环。

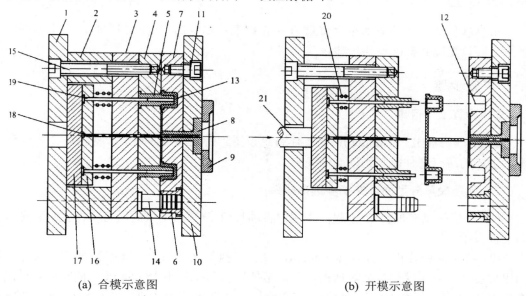

(a) 合模示意图   (b) 开模示意图

图 3-5 典型单分型面注射模工作原理图

1—动模座板 2—垫块 3—支承板 4—动模板 5—型芯 6—导套 7—定模板 8—浇口套
9—定位圈 10—定模座板 11—螺钉 12—型腔 13—塑件 14—导柱 15—螺钉 16—推杆固定板
17—推板 18—拉料杆 19—推杆 20—弹簧 21—注射机推杆

2) Pro/E EMX 6.0 设计流程

EMX(Expert Moldbase Extension)是 Pro/E 的一款优秀外挂软件，是专门用来提供创建各种标准模架零件及滑块、斜销、推杆等附件的数据库软件。它能够自动产生模具工程图及明细表，还可以模拟模具的开模过程进行动态仿真和干涉检查，是一个功能非常强大且使用非常方便的模具设计工具。

一般来说，在模具设计中应用 EMX 进行模具设计的流程如下：

(1) 新建一个 EMX 项目，装配分模组件(零件分模后产生的组件文件)；

(2) 添加标准模架；

(3) 定义浇注系统；

(4) 添加标准元件；

(5) 添加顶出机构；

(6) 添加冷却系统；

(7) 定义滑块、斜顶等机构；

(8) 调入锁模螺钉等零件；

(9) 模拟开模过程并进行干涉分析；

(10) 整理相关模具图纸。

【任务实施】

一、准备工作

根据项目 2 中的任务 8 电脑键盘 A 字按键塑件已分出的型芯和型腔，选用标准模架，记录型芯、型腔和标准模架尺寸。

二、实施步骤

1．设置工件目录

新建文件夹(如 F:\Aanjian)，将工作目录设置到新建的文件夹中。将项目 2 中任务 8 分模后生成的所有文件复制到该文件夹中。

2．创建模具分型面，并初步选择模架

(1) 分型面已在项目 2 创建，本例中将项目 2 分模后生成的所有文件复制到刚刚新建的文件夹中。

(2) 投影面积分析：打开 anjian.mfg 文件，执行【分析】→【投影面积】命令，系统弹出如图 3-6 所示【测量】对话框，可知塑件投影面积为 $1618.05mm^2$。同时，通过测量可得型腔的长×宽×高为 110mm×110mm×30mm，型芯的长×宽×高为 110mm×110mm×20mm。

(3) 依据塑件投影面积初步选择模架：查模架尺寸的选择参考表 3-1，选择 C 型结构(见图 3-7)，可查得：A=45mm，B=24mm，C=30mm，D=20mm，E=20mm。

则模具宽：N=A×2+110mm=200mm，模具长：L=A×2+110mm=200mm，A 板厚度=(30+24)mm=54mm，B 板厚度=(20+30)mm=50mm，稍后再根据上述参数调用合适的 EMX 模架。

图 3-6　【测量】对话框

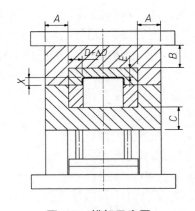

图 3-7　模架示意图

3．新建 EMX 项目

项目是 EMX 模架的顶级组件，在创建新的模架设计时，必须定义一些将用于所有模架元件的参数和组织数据，其主要包括项目名称的定义、模具型腔元件的添加和型腔元件的分类。

1）新建 EMX 项目

选择菜单中的 EMX 6.0→项目→【新建】命令，系统弹出如图 3-8 所示【项目】对话框。设置【项目名称】，将【单位】设置为【毫米】，【项目类型】设置为【组件】，单击对话框下方的 ✅ 按钮。系统自动创建 EMX 组件，图形显示窗口显示三个基准平面。

2）装配分模组件

在 EMX 组件窗口中单击【装配】按钮 ⬚。在【打开】对话框中选择 anjian.asm 组件，将其打开，运用坐标系装配，分别选择 anjian.asm 组件坐标系和 MOLD_DEF_CSYS 坐标，结果如图 3-9 所示。

图 3-8　【项目】对话框

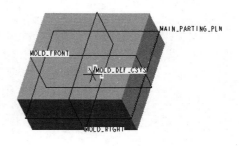

图 3-9　装配分模组件

3）元件分类

对装配组件中的各个零件进行分类(如 cavity 即型腔应插入定模)，选择菜单中的 EMX 6.0→项目→【分类】命令。系统打开【分类】对话框，如图 3-10 所示，在对话框中进行设置，对所有零件进行正确的分类后，单击 ✅ 按钮完成分类设置。

4．添加标准模架

通过添加标准模架，可以将一些烦琐的工作变得快捷简单。

1）载入模架

选择菜单中的 EMX 6.0→【模架】→【组件定义】命令，系统打开如图 3-11 所示【模架定义】对话框，单击【从文件载入组件定义】按钮 ⬚，系统打开【载入 EMX 组件】对话框，如图 3-12 所示，将【供应商】设置为 futaba_s，【保存的组件】设置为 SC-Type，(此类型为简单二板式注射模的模架)，取消选中【保留尺寸和模型数据】复选框，单击

【载入】按钮，单击 ✔ 按钮，经过一段时间的计算，系统自动将组件载入。

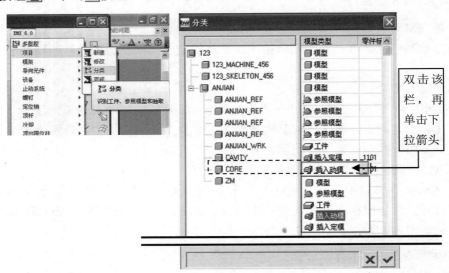

图 3-10　【分类】对话框

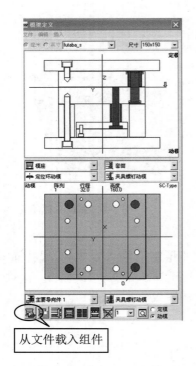

图 3-11　【模架定义】对话框

图 3-12　【载入 EMX 组件】对话框

2) 修改模架尺寸

在【模架定义】对话框中依据步骤 1)初选的模架大小，将【尺寸】设置为 200×200，系统弹出如图 3-13 所示的【EXM 问题】对话框，单击 ✔ 按钮完成模架尺寸的修改。

3) 定义模板厚度

(1) 修改定模板(A 板)尺寸。依据步骤 2)计算的 A 板厚度 54mm，在【模架定义】对话框中的 A 板图形上方右击，系统弹出如图 3-14 所示的【板】对话框，将 A 板厚度修改为 60mm。

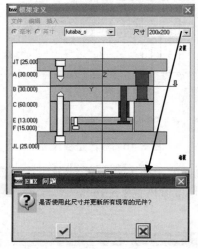

图 3-13　【EMX 问题】对话框

图 3-14　【板】对话框

(2) 修改动模板(B 板)尺寸，同时修改定模板(A 板)和动模板(B 板)间的预载入距离。

依据步骤 2)计算的 B 板厚度 50mm，在【模架定义】对话框(见图 3-11)中的 B 板图形上方右击，系统弹出如图 3-15 所示【板】对话框，修改 B 板厚度为 50mm。

一般情况下，定模板和动模板间需有 0.5mm 的距离，以保证型腔和型芯紧密配合，同时也便于排气。

因此，在修改 B 板厚度的同时，即在图 3-15 所示【板】对话框中，需将【参照距离】修改为 0.5mm。单击【完成】按钮 ✓。此时，定模板(A 板)不动，动模板(B 板)向下移动 0.5mm。

(3) 修改垫板(C 板)尺寸。垫板(C 板)尺寸计算：垫块高度=推出行程+推板厚度+推杆固定板厚度+(5~10)mm，

本例中凸模在主分型面上的高度为 10mm，推板(F 板)厚度及推杆固定板(E 板)厚度参照图 3-13 可知分别为 15mm 和 13mm。由此得出 C 板高度为 43~48mm，取整为 50mm。

垫板(C 板)尺寸修改：在【模架定义】对话框(见图 3-11)中的 C 板图形上方右击，系统弹出如图 3-16 所示【板】对话框，在厚度栏双击，将尺寸修改为 50。单击【板】对话框下方的 ✓ 按钮完成垫板尺寸的修改。

(4) 修改导柱尺寸。导柱长度计算：在合模导向装置中，导柱的长度应比型芯的高度高出 6~8mm。本例中型芯高度为 10mm，则导柱长度 LG=型芯高度+B 板厚度+(6~8)mm=66~68mm。

修改导柱：在【模架定义】对话框(见图 3-11)中的导柱上方右击，系统弹出【导向件】对话框，如图 3-17 所示。将直径设置为 20，肩高设置为 19，长度设置为 67，单击【确认】按钮完成导柱尺寸修改。

图 3-15 【板】对话框

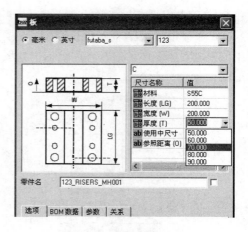

图 3-16 修改垫板尺寸

(5) 修改导套尺寸。在【模架定义】对话框中的导套上方右击，系统弹出【导向件】对话框如图 3-18 所示，依据 A 板厚度 60mm 将导套长度 S2 改为 59mm。单击 ✔ 按钮完成导套的修改。

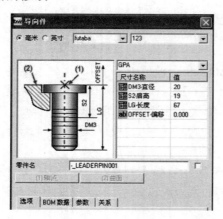

图 3-17 【导向件】对话框

图 3-18 修改导套尺寸

(6) 切出型腔位置。在【模架定义】对话框(见图 3-11)中单击【型腔】按钮▦，弹出【型腔】对话框，系统打开如图 3-19 所示【型腔】对话框，按照型腔和型芯的长、宽、高，设置型腔尺寸：+X 55，−X 55，+Y 55，−Y 55，+Z 30，−Z 20。单击【矩形嵌件】按钮▦，设置型腔切口参数，与型腔、型芯尺寸一致。单击 ✔ 按钮完成在定模板和动模板上的切出动作。

(7) 添加支承钉(又称垃圾钉)。支承钉作用是使推板与动模座板间形成间隙，以保证平面度，并有利于废料、杂物的去除，另外还可以通过调节支承钉厚度(加垫片)来调整推杆工作端的装配位置。

方法一：

① 将推板(F 板)与动模座板(JL 板)间载入垃圾钉头部距离。

在【模架定义】对话框(见图 3-11)中的推板(F 板)图形上方右击，系统弹出如图 3-20

所示的【板】对话框，将【参照距离】修改为 5mm。单击【完成】按钮✔。此时，动模座板(JL 板)不动，推板(F 板)向上移动 5mm，如图 3-21 所示。

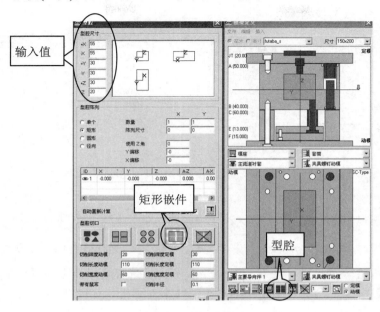

图 3-19 【型腔】对话框

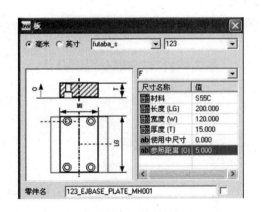

图 3-20 【板】对话框

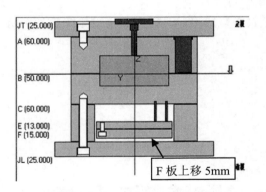

图 3-21 F 板修改示意图

② 修改复位杆弹簧长度。由于推板向上移动了 5mm，复位杆弹簧也随之向上移动，此时复位杆弹簧长度已不再合适，如图 3-21 所示，弹簧已伸入进 B 板，需修改复位杆弹簧长度。

在【模架定义】对话框(见图 3-11)中的复位杆弹簧图形上方右击，系统弹出如图 3-22 所示的【弹簧】对话框，将 LENGTH_SP 修改为 27mm(与 REF1 参照距离相等)。单击【完成】按钮✔。

③ 加载支承钉。

i 确定支承钉阵列尺寸。支承钉一般在复位杆的下方(也可在锁定 E 板和 F 板的锁模螺钉下方)，通过查询复位杆的阵列尺寸可确定支承钉阵列尺寸。

在【模架定义】窗口中选择【编辑】→【阵列】→【回程杆】命令，系统弹出【回程杆】对话框，如图 3-23 所示，查看回程杆阵列尺寸为 X=150,Y=84；阵列数量 X=2,Y=2，即 4 个。单击【完成】按钮 ✓。

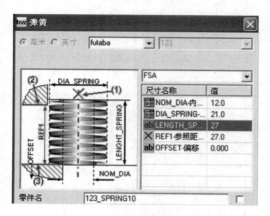

图 3-22 【弹簧】对话框

图 3-23 【回程杆】对话框

ii 修改支承钉阵列尺寸。在【模架定义】窗口中选择【编辑】→【阵列】→【止动系统】→【动模】命令，系统弹出【止动系统动模】对话框，如图 3-24 所示，设置垃圾钉阵列尺寸为 X=150,Y=84；阵列数量 X=2,Y=2。单击【完成】按钮 ✓。

iii 添加垃圾钉。在【模架定义】对话框中选择【垃圾钉动模】选项，如图 3-25 所示，系统打开如图 3-26 所示对话框，设置直径为 16mm，厚度为 5mm(F 板已上移 5mm)。单击【完成】按钮 ✓。得出的结果如图 3-27 所示。

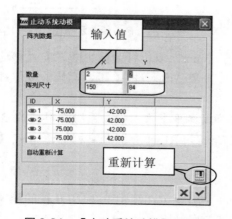

图 3-24 【止动系统动模】对话框

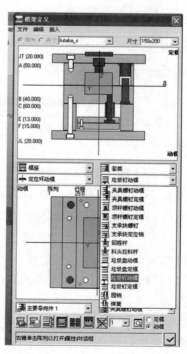

图 3-25 添加垃圾钉

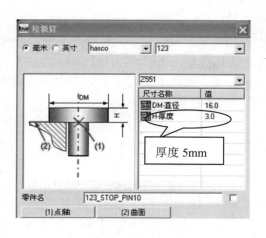

图 3-26　【垃圾钉】对话框

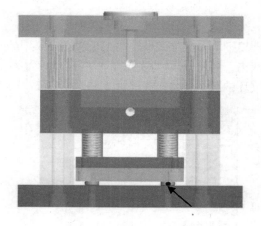

图 3-27　添加的垃圾钉

方法二：有的模架运用方法一无法加载支承钉，还可采用方法二。

① 创建支承钉参考点：定义支承钉的草绘平面如图 3-28 所示，截面草图如图 3-29 所示，4 个参考点在复位杆弹簧的中心上。

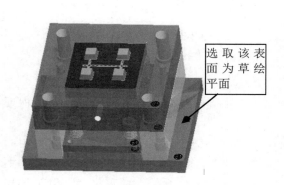

图 3-28　定义支承钉参考点草绘平面

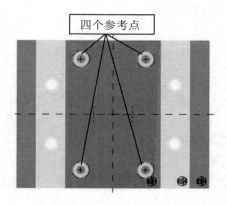

图 3-29　支承钉参考点截面草图

② 定义支承钉：

ⅰ 选择命令：选择菜单中的 EMX 6.0→【止动系统】→【定义】→【垃圾钉】命令，系统弹出【垃圾钉】对话框，如图 3-26 所示。

ⅱ 定义参考点及曲面：单击对话框中的【(1)点轴】按钮，系统弹出【选取】对话框，选择上一步创建的支承钉参考点。再单击对话框中的【(2)曲面】按钮，系统弹出【选取】对话框，选择动模座板的上表面(即图 3-28 所示的草绘平面)。

ⅲ 定义支承钉参数：直径 16mm，厚度 3mm。单击【确定】按钮 ✓。

5. 定义浇注系统

浇注系统是指模具中由注射机到型腔之间的进料通道，主要包括主流道、分流道、浇口和冷料穴。下面介绍在标准模架中定义定位环和主流道衬套的操作方法。

1) 添加定模侧定位环

在【模架定义】对话框中选择【定位环定模】选项，如图 3-30 所示，系统打开如图 3-31 所示对话框，将供应商设置为 misumi，定位环类型为 LRBS，在【DM1-直径】栏双击，再在下拉列表框中，将直径设置为 100，单击【定位环】对话框中的按钮✔完成定位环的载入。

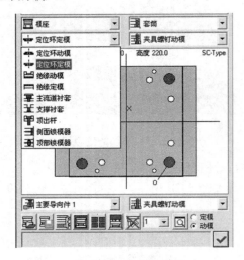

图 3-30　添加定模侧定位环

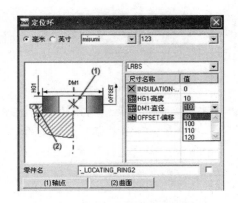

图 3-31　【定位环】对话框

2) 添加主流道衬套

主流道衬套的其他值可依据选择的注射机参数确定，长度值需计算。

(1) 主流道衬套长度 L 值计算：原则上修改的主流道衬套长度 L 值和偏移值 K 要保证主流道衬套下表面与主分型面重合。

从图 3-32 分析可得出一般情况下，JT 板厚+A 板厚=$L+K$+主流道衬套偏移值，其中：JT 板厚＝25mm，A 板厚＝60mm，K＝10mm(见图 3-32)，得出 L＝75mm，从图 3-32 中主流道衬套长度 L 选择值分析，主流道衬套长度取值为 70mm 较合适，故需将 OFFSET 偏移设置为-5，最终达到主注道衬套下端面与主分型面平齐。

(2) 添加主流道衬套：在【模架定义】对话框中选择【主流道衬套】，系统打开如图 3-32 所示对话框，将供应商设置为 misumi，主流道衬套类型为 SJAC，在【D-2-直径】栏双击，再在下拉列表框中将直径设置为 20，内部直径设置为 2，L 长度为 70，【OFFSET 偏移】设置为-5，再单击【主流道衬套】对话框中的✔按钮完成主流道衬套的载入。

(3) 主流道衬套下端部分的处理：调出来的主流道衬套下端部分是平的，如图 3-33(a) 所示，而此例采用的是圆形(ϕ5mm)分流道，故须在主流道衬套下端切出半圆形的分流道穿过孔。

在模型树中选中主流道衬套(SPRUEBUSH)并右击，在弹出的快捷菜单中选择【激活】命令，此时相当于在零件状态进行操作。接着对主流道衬套进行拉伸切除ϕ5 孔的操作，其结果如图 3-33(b)所示。

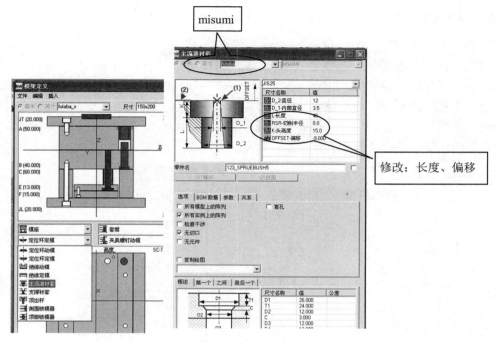

图 3-32 修改主流道衬套尺寸

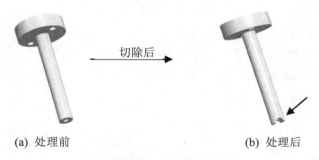

(a) 处理前   (b) 处理后

图 3-33 主流道衬套

(4) 浇注系统凝料的处理：浇注系统凝料未处理前如图 3-34(a)所示，其主流道的大小是浇口衬套下端圆柱的外径，这时需要进行如下操作：激活总装配图，选择菜单中的【编辑】→【元件操作】→【切除】命令，然后选择浇注系统凝料，单击【确定】按钮，再选择浇口套，单击【确定】按钮，再单击【完成】按钮。得出的处理后的浇注系统凝料如图 3-34(b)所示。

(a) 处理前   (b) 处理后

图 3-34 浇注系统凝料

6．添加标准元件

1) 添加标准元件

标准元件一般包括导柱、导套、顶杆、定位销、螺钉及止动系统等。在前面的步骤中虽然已添加了导柱、导套等，但都只是这些元件的穿过孔，只有添加了标准元件，这些元件才会添加进模架系统，并在模架系统中显示出来。

选择菜单中的 EMX 6.0→【模架】→【元件状态】命令，系统打开如图 3-35 所示【元件状态】对话框，单击【全选】按钮，再单击【完成】按钮 ✓，标准元件即添加进来。

图 3-35 【元件状态】对话框

2) 在定位环和浇口套上装配自动螺钉

选择下拉菜单 EMX 6.0→【库元件】→【装配预定义的元件】命令，分别用左键单击定位环和浇口套，从而在定位环和浇口套上装配好自动螺钉，如图 3-36 所示。

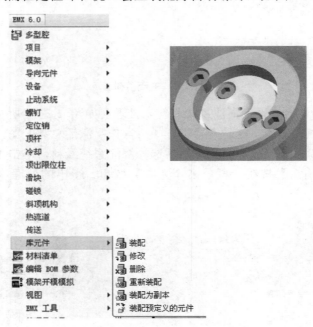

图 3-36 在定位环和浇口套上装配自动螺钉

7. 添加顶出机构

将注射成型后的塑件及浇注系统凝料从模具中脱出的机构称为顶出机构。顶出机构的动作通常是由安装在注射机上的顶杆或液压缸完成的。在此，顶出机构需添加顶杆、拉料杆、复位杆和支承钉(又称垃圾钉)等，还需在动模座板上开孔，俗称 K·O 孔，以利于注射机上的顶杆穿过动模座板从而推动推板执行顶出动作。

1) 添加顶杆

(1) 显示动模：选择菜单中的 EMX 6.0→【视图】→【显示】→【动模】命令。这时定模部分被遮蔽掉，以方便添加顶杆的操作。

(2) 创建顶杆参考点：在 EMX 组件窗口单击 点/ 草绘点按钮，定义草绘平面，选择型芯的上表面为草绘平面，如图 3-37 所示，绘制的截面草图(4 个点)如图 3-38 所示，并在草图上绘制圆以估算顶杆的大小，本例中拟选择 ϕ4mm 的顶杆。

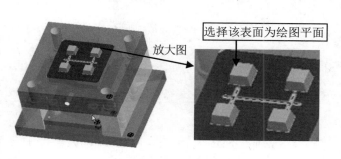

图 3-37　定义顶杆参考点草绘平面

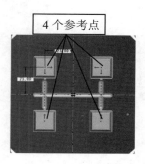

图 3-38　顶杆参考点截面草图

> **注意**：若型芯上表面为非平面，则需在型芯上表面之上创建一个参考平面来建立顶杆参考点。

(3) 定义顶杆：

① 选择命令：选择菜单中的 EMX 6.0→【顶杆】→【定义】命令，系统弹出【顶杆】对话框，如图 3-39 所示。

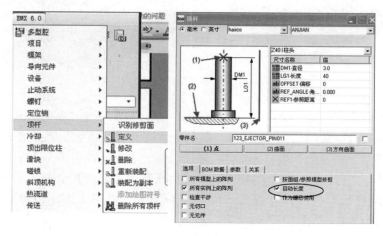

图 3-39　【顶杆】对话框

② 定义顶杆参数：圆柱头，直径$\phi 4$，在【顶杆】对话框中选中【自动长度】复选框。

③ 定义参考点：单击对话框中的【(1)点】按钮，系统弹出【选取】对话框，选择刚刚创建的顶杆参考点(注意：在选择参考点时只需选择任意一点，系统默认将剩余的三个点也选中)，顶杆加载结果如图 3-40 所示。

图 3-40　加载顶杆的结果

注意： 若型芯上表面(即顶杆的上端面)为非平面，则需创建顶杆修剪面，操作如下。

创建顶杆修剪面：

ⅰ 复制曲面：按住 Ctrl 健，选取图 3-41 所示的型芯上表面(顶杆的上端面)，选择菜单中的【编辑】→【复制】命令，再选择菜单中的【编辑】→【粘贴】命令，在系统弹出的操控面板中单击【完成】按钮☑。

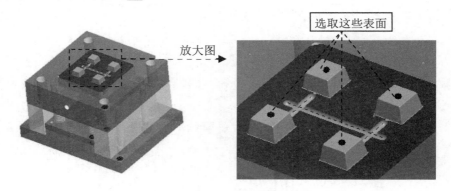

图 3-41　复制曲面

ⅱ 创建顶杆修剪面：选择菜单中的 EMX 6.0→【顶杆】→【识别修剪端面】命令，系统弹出【顶杆修剪面】对话框(见图 3-42)，单击对话框中的➕按钮，系统弹出【选取】对话框，选择上一步复制的曲面为顶杆修剪面，单击【确定】按钮，再单击【完成】按钮☑。

ⅲ 定义顶杆：选择菜单中的 EMX 6.0→【顶杆】→【定义】命令，系统弹出【顶杆】对话框，定义顶杆直径为 4，长度为 160，在对话框中选中【按面组修剪】复选框，如图 3-43 所示，单击【完成】按钮☑。

图 3-42　【顶杆修剪面】对话框

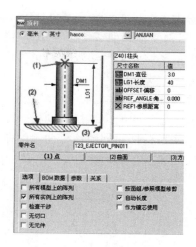

图 3-43　【顶杆】对话框

2) 添加复位杆(也叫回程杆)

模具在闭合过程中为了使推出机构回到原来的位置，必须设计复位装置，即复位杆。设计复位杆时，要将它的头部设计到动、定模的分型面上，在合模时，定模一接触复位杆，就将顶杆及顶出装置推出恢复到原来的位置。

一般来说，选择 FUTABA 标准模架复位杆会自动产生，但有些模架复位杆需加载。如复位杆未自动加载，可采用如下操作方法。

创建复位杆与创建顶杆使用的命令相同。

(1) 创建复位杆参考点：在 EMX 组件窗口单击 ⠶点→ ▦草绘点按钮，系统弹出【草绘的基准点】对话框，定义复位杆的草绘平面如图 3-44 所示，截面草图(4 个参考点)如图 3-45 所示。

图 3-44　定义复位杆草绘平面

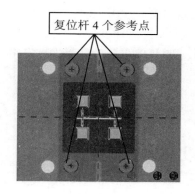

图 3-45　复位杆参考点截面草图

(2) 定义复位杆：

① 选择命令：选择菜单中的 EMX 6.0→【顶杆】→【定义】命令，系统弹出【顶杆】对话框。

② 定义参考点：单击对话框中的【(1)点】按钮，系统弹出【选取】对话框，选择上一步创建的顶杆参考点(注意：在选择参考点时只需选择任意一点，系统默认将剩余的三个

点也选中)。

③ 定义复位杆参数：定义顶杆直径为 16，在顶杆对话框中选中【自动长度】复选框，单击【完成】按钮 ✔。结果如图 3-46 所示。

3) 添加拉料杆

模具在开模时，为了保证在下一次注射时不会因浇注系统凝料堵塞流道而影响注射，需将浇注系统中的废料拉到动模一侧，然后通过顶出机构将废料和塑件一起顶出。

创建拉料杆与创建顶杆使用的命令相同。

(1) 创建拉料杆参考点：定义拉杆的草绘平面如图 3-47 所示，在模具中心上草绘参考点(一个点)。

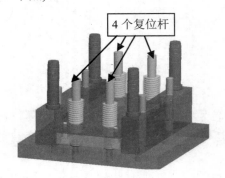

图 3-46　加载复位杆　　　　　　　　图 3-47　定义拉料杆草绘平面

(2) 定义拉料杆：

① 选择命令：选择菜单中的 EMX 6.0→【顶杆】→【定义】命令，系统弹出【顶杆】对话框。

② 定义参考点：单击对话框中的【(1)点】按钮，系统弹出【选取】对话框，选择上一步创建的顶杆参考点。

③ 定义拉料杆参数：定义顶杆直径为 5，在顶杆对话框中选中【自动长度】复选框，单击【完成】按钮 ✔。结果如图 3-48 所示。

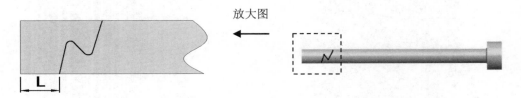

图 3-48　拉料杆及编辑拉料杆截面草图

(3) 编辑拉料杆：本例中拉料杆的头部采用 Z 字头，以便于拉料杆将浇注系统的凝料拉出。

在装配图中选中拉料杆，右击，在弹出的快捷菜单中选择【激活】命令，此时相当于在零件状态进行操作。接着对拉料杆进行拉伸切除 Z 字形状的操作，其截面形状如图 3-48 所示(注意：一般主流道冷料穴长度 L 为 1～1.5 倍分流道直径。本例中分流道直径为 5mm，则主流道冷料穴长度 L 为 5～7.5mm)。完成的拉料杆如图 3-49 所示。

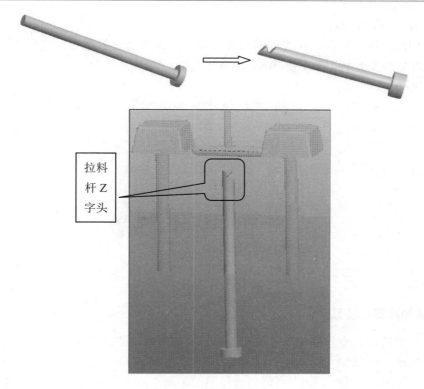

图 3-49　编辑拉料杆

4) 浇注系统凝料的处理

由于顶杆和拉料杆在型芯和型腔上产生穿过孔，当激活总装配图再生后，浇注系统凝料会将这些穿过孔注射充填满，浇注系统凝料未处理前如图 3-50(a)所示，这时需要将这些多余的填充物料切除，操作如下：激活总装配图，选择菜单中的【编辑】→【元件操作】→【切除】，然后选择浇注系统凝料，单击【确定】按钮，再按住 Ctrl 键(即多项选择)依次选择 4 个顶杆及一个拉料杆，单击【确定】按钮，再单击【完成】按钮(注意：此例需单击【完成】按钮 5 次，有 5 个多余填充料要切除)。得出的处理后的浇注系统凝料如图 3-50(b)所示。

(a) 处理前　　　　　　　　　　　　　　　　(b) 处理后

图 3-50　浇注系统凝料

5) 在动模座板上开孔

在动模座板上开孔(俗称 K·O 孔)是为了注射机上的顶杆穿过动模座板从而推动推板执行顶出动作。K·O 孔的大小及数量需根据注射机的有关参数确定，在此，开一个 K·O

孔，大小为ϕ25mm，通孔。

选中动模座板，右击，在弹出的快捷菜单中选择【激活】命令，然后在动模座板中心上运用拉伸切除命令切出一个ϕ25mm 的通孔。结果如图 3-51 所示。

图 3-51　开设 K·O 孔

8．添加冷却系统元件

设计一个良好的冷却系统，可以缩短成型周期和提高生产效率。

水路孔径ϕ值一般为 6、8、10mm，最大不超过 14mm。

一般情况下，水路孔径ϕ：水路与成品间的距离：水路之间的距离=1：3：5。

例如水路ϕ值为 6mm，则水路与成品间距离为 18mm，水路之间的中心距离为 30mm。

> **注意：** 水路间距至少为 30mm(太小不能装水管接头)。还需注意水路和各模板的锁模螺钉及顶杆之间的干涉，它们之间的边沿距离应为 5 mm 以上。

下面介绍冷却系统的一般创建过程。

1) 显示模架

选择菜单中的 EMX 6.0→【视图】→【显示】→【主视图】命令，这时模架全部显示出来。

2) 创建冷却孔参考点

在 EMX 组件窗口单击 点→ 草绘点按钮，系统弹出【草绘的基准点】对话框，定义冷却孔参考点的草绘平面如图 3-52 所示，截面草图(4 个参考点)如图 3-53 所示。

选取该表面
为绘图平面

图 3-52　定义绘图平面

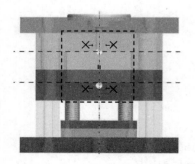

图 3-53　冷却孔参考点截面草图

3) 定义冷却孔及水管接头

(1) 选择命令。选择菜单中的 EMX 6.0→【冷却】→【定义】命令，系统弹出【冷却元件】对话框，如图 3-53 所示。

(2) 定义参考点。单击对话框中的【(1)曲线|轴|点】按钮，系统弹出【选取】对话框，选择上一步创建的冷却孔参考点，单击【确定】按钮。

> **注意：** 在选择参考点时只需选择任意一点，系统默认将剩余的三个点也选中。

(3) 定义参考曲面。单击对话框中的【(2)曲面】按钮，系统弹出【选取】对话框，选择图 3-52 所示的绘图平面为参考曲面，单击【确定】按钮。

(4) 修改冷却元件参数。在【冷却元件】对话框中选择喷嘴(即接头)，选择直径为 9mm，选择螺纹直径为 M8.0×0.75，选中【沉孔】复选框，此时【ab OFFSET-偏移】值自动显示为-18mm；在【概述】区域的 T5 文本框中，输入 "400mm"(即冷却水孔为通孔)。如图 3-54 所示，单击【完成】按钮 ✔，结果如图 3-55 所示。

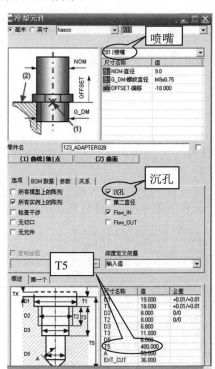

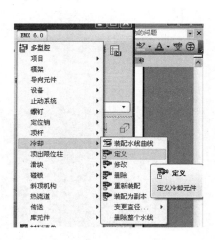

图 3-54 【冷却元件】对话框

> **注意：** 若在事先绘制好线条，则可在【冷却元件】对话框中选择【深度定义依据】下拉列表框中的【使用曲线长度】选项，还可选择【深度定义依据】下拉列表框中的【使用模型厚度】选项。

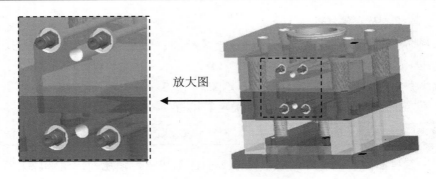

放大图

图 3-55　加载冷却系统

4) 用同样的方法定义冷却水孔另一端的水管接头

9. 添加锁模螺钉

一般情况下，锁模螺钉在标准模架中已自动加载，但型腔与定模板(A 板)、型芯与动模板(B 板)的锁模螺钉需根据用户要求调用加载。

首先介绍型腔与定模板连接螺钉的加载。

1) 隐藏定模座板、浇口套和定位环

选中定模座板、浇口套和定位环，右击，在弹出的快捷菜单中选择【隐藏】命令。

2) 创建锁模螺钉参考点

一般，螺钉中心距离型腔(或型芯)的边≥1.5 倍螺钉公称直径。

在 EMX 组件窗口单击 点→ 草绘点按钮，系统弹出【草绘的基准点】对话框，定义锁模螺钉参考点的草绘平面如图 3-56 所示(即 A 板的上表面)，截面草图(4 个参考点)如图 3-57 所示。

选取 A 板上表面为绘图平面

图 3-56　定义螺钉参考点的绘图平面

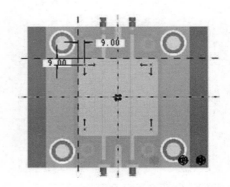

图 3-57　定义螺钉参考点的截面草图

3) 定义锁模螺钉

(1) 选择命令。选择菜单中的 EMX 6.0→【螺钉】→【定义】命令，系统弹出【螺钉】对话框，如图 3-58 所示。

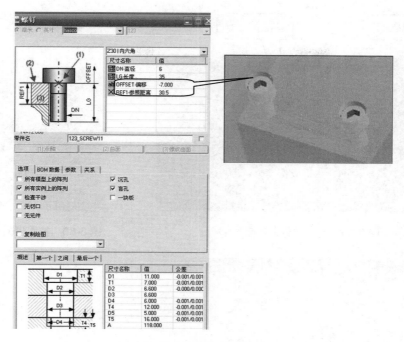

图 3-58　【螺钉】对话框

(2) 定义参考点。单击对话框中的【(1)点轴】按钮，系统弹出【选取】对话框，选择上一步创建的螺钉参考点，单击【确定】按钮。

注意： 在选择参考点时只需选择任意一点，系统默认将剩余的三个点也选中。

(3) 定义曲面。单击对话框中的【(2)曲面】按钮，系统弹出【选取】对话框，选择图 3-59 所示 A 板的上表面为参考曲面(放置螺钉头部的上表面)，单击【确定】按钮。

(4) 定义螺纹曲面。单击对话框中的【(3)螺纹曲面】按钮，系统弹出【选取】对话框，选择图 3-56 所示的型腔上表面为参考曲面(可采用右击查询选取)，单击【确定】按钮。

(5) 修改螺钉参数：选择内六角螺钉，修改直径为 6mm，选中【沉孔】复选框，这时可见 "OFFSET 偏移-7.00"，螺钉头沉孔深为 7mm，如图 3-58 所示，这样就避免了螺钉头部与定模座板的干涉。最后单击对话框右下角的【完成】按钮✔，结果如图 3-60 所示。

型芯和动模板连接螺钉的加载方法与上述方法相同，在此不再详述。

10．模拟开模过程并进行干涉分析

(1) 模拟开模动作：选择菜单中的 EMX 6.0→【模架开模模拟】命令，系统打开【模架开模模拟】对话框，如图 3-61 所示，设置参数开模总计及步距宽度，单击【计算新结果】按钮，系统将自动进行分析计算。

(2) 动画：在【模架开模模拟】对话框中单击【动画】按钮，系统打开【动画】对话框如图 3-62 所示，此对话框的操作方法类似于播放器操作方法。

模型最终得出的结果可参看下载文件中实例。

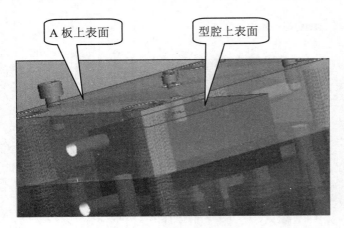

图 3-59　定义螺钉参考面

图 3-60　加载出的 4 个螺钉

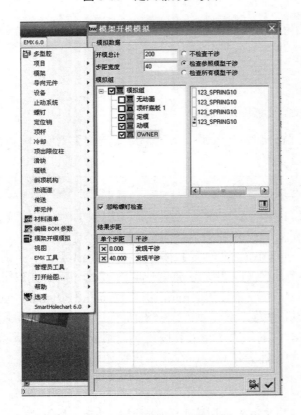

图 3-61　【模架开模模拟】对话框

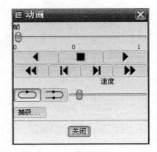

图 3-62　【动画】对话框

三、任务要求

塑料 A 字按键塑件如图 3-63 所示，进行注射模设计。塑件材料：ABS，中等生产批量，收缩率为 0.5%，未注尺寸公差精度为 MT7。

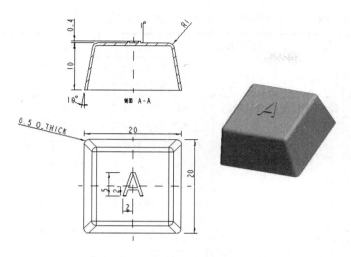

图 3-63　塑料 A 字按键塑件工程图

设计要求：

(1) 一模两穴；

(2) 分模，创建型腔和型芯；

(3) 组装模具标准模架；

(4) 推出系统设计；

(5) 浇注系统设计；

(6) 冷却系统设计；

(7) 完成模具其他部分的设计。

四、注意事项

(1) 指导老师进行现场理实一体化教学，学生一人一台电脑在模具设计中心完成任务，同时要求学生 4 人一组进行互评、互助。

(2) 注意电脑操作规范，注意定时保存文件，防止误操作丢失文件。

(3) 认真学习并严格遵守操作规程，主动维护学习场所安全、卫生。

五、任务考核

任务考核标准如表 3-2、表 3-3 所示。

表 3-2　简单二板式注射模具设计操作规范考核要求与评价标准

考核内容	考核点	权　重	考核标准
简单二板式注射模具设计操作规范 (100%)	任务分析	20%	根据产品用途，选择塑件材料，分析塑件成型工艺，塑件的结构工艺性及模具的总体结构合理
	工艺方案确定	30%	型腔的布局合理，模具各部分结构合理，性价比高
	注射成型设备的选用	20%	注射成型设备的选用正确
	三维软件运用	30%	电脑操作规范，文档的存储正确，三维软件运用准确

表 3-3　简单二板式注射模具设计作品考核要求与评价标准

考核内容	考核点	权重	考核标准
塑件的三维造型及其模具设计(100%)	塑件的三维模型	10%	设置工作目录正确，三维造型步骤清晰，指令运用恰当，三维模型尺寸正确
	分模	20%	分型面设计正确、合理，型芯及型腔结构工艺性合理
	总体结构设计	25%	按塑件要求设置了合理的收缩率，毛坯尺寸合理，按要求确定型腔数目，模架型号选择合理，模具符合注射机闭合高度，凸、凹模固定板结构合理，各模板厚度、间隙等结构合理
	顶出系统设计	15%	顶杆、复位杆、拉料杆位置、型号、数量合理，顶杆行程合理
	冷却系统设计	15%	水路设置合理，不干涉，水管接头选择合理
	浇注系统设计	15%	主流道、浇口、分流道及冷料井位置、形状、大小合理

任务 2　A 字按键注射模具型芯、型腔 零件图及总装配工程图绘制

【任务提出】

根据任务 1 完成的电脑键盘 A 字按键注射模具设计，完成该模具型芯、型腔零件图及总装配工程图绘制。

【相关知识】

1. 注射模总装配工程图相关知识

一般来说，注射模总装配工程图配置如图 3-64 所示，左下角的视图为动模侧的俯视图(即遮蔽定模部分，有时也可一半遮蔽一半不遮蔽)，这一点在画模具装配图时尤其要注意。左上角的视图是 X-X 方向的一张剖视图，右上角的视图是 Y-Y 方向的一张剖视图。注意所画装配图要清楚地表达模具的工作原理，零件间的装配关系和主要零件的结构形状。

另外，在该装配图中还可有塑料成品轴测图(是该套模具要成型的塑料件图)。当模具结构复杂时，可多添加其他视图。

2. 模具总装配图及型芯、型腔工程图绘制要求

要求：尺寸完整，技术要求清晰，明细表、标题栏符合国家标准。

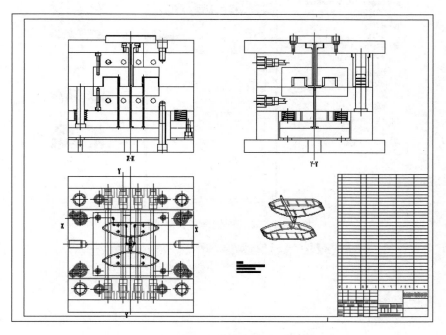

图 3-64　注射模总装配工程图配置

【任务实施】

一、准备工作

课前认真复习机械制图及模具工程图的相关知识，对要完成的任务要有所了解，带好笔记本及笔，上课时认真做好记录。

二、实施步骤

1．新建 X 截面

(1) 首先设置工作目录，打开任务 1 完成的电脑键盘 A 字按键注射模具总装配图，选择【视图】→【视图管理器】命令，系统打开【视图管理器】对话框，如图 3-65 所示，切换到【剖面】选项卡，单击【新建】按钮，输入截面名称"x"，按 Enter 键，系统弹出【剖截面选项】菜单管理器，单击【偏距】→【完成】选项，根据提示选择草绘平面及参照平面，进入草绘界面后绘制 X- X 剖面的草绘截面。

(2) 用上一步所示方法创建 Y 剖截面。

2．新建制图文件并设置绘图参数

(1) 新建制图文件进入绘图界面。

(2) 修改投影类型：单击【文件】→【绘图选项】命令，系统弹出【选项】对话框，如图 3-66 所示，将其投影类型修改为 first-angle(第一角)，单击【添加】→【更改】按钮，将其投影类型修改为第一角投影。

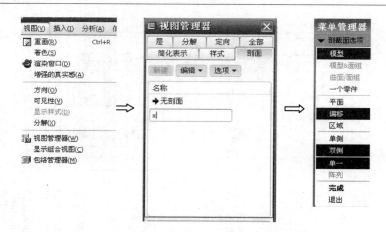

图 3-65 【视图管理器】对话框

图 3-66 【选项】对话框

(3) 修改单位：选择 drawing_units(绘图单位)设置为 mm，单击【添加】→【更改】按钮，将其单位由英制修改为公制。

(4) 应用选项：单击选项对话框中的【应用】按钮，以令修改的选项在该文档中生效，再单击【关闭】按钮关闭选项对话框，再单击菜单管理器中的【完成】命令，完成选项设置。

其他各选项对应的含义可查看【选项】对话框中的说明(如文字高度、尺寸箭头大小等)。

3. 插入主视图

(1) 插入主视图：在绘图界面空白处右击，在右键菜单中选择【插入普通视图】，单击指定视图放置位置，系统打开如图 3-67 所示对话框，选择 LINKS 视图，单击【应用】按钮完成主视图的创建。

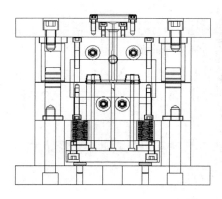

图 3-67　【绘图视图】对话框

(2) 为主视图添加剖面：在【绘图视图】对话框中单击类别栏中的【截面】，将剖面选项设置为【2D 截面】，单击+按钮，将 X 剖面添加进来，如图 3-68 所示，单击【应用】按钮完成剖面的添加。

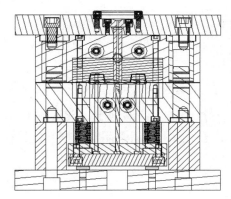

图 3-68　【绘图视图】→【截面】对话框

(3) 设置视图显示：单击【视图显示】选项，设置显示样式为【隐藏线】或【消隐】。

(4) 设置比例：双击图框左下方的比例，将其值设置为 1。

4．插入左视图

(1) 插入投影视图：选择主视图，右击，在弹出的快捷菜单中单击【插入投影视图】命令，在主视图右侧合适位置单击鼠标左键创建左视图。

(2) 添加剖面：在左视图上双击【绘图视图】对话框，参照前面所示方式为左视图添加 Y 剖面。

(3) 设置视图显示状态：将【显示线型】设置为【无隐藏线】，将【相切边显示样式】设置为【无】，单击【应用】按钮。再单击【关闭】按钮关闭对话框。

5．插入投影视图

(1) 建立"半视图"剖切参照面：在模具 3D 总装配图中建立与 MOLDBASE_X_Z 基

准平面重合的基准面 ADTM。

(2) 插入投影视图：选择主视图，右击，在弹出的快捷菜单中单击【插入投影视图】命令，在主视图下侧合适位置单击鼠标左键创建俯视图。

(3) 设置可见区域：在俯视图上左键双击，打开【绘图视图】对话框，单击【可见区域】，将视图可见性设置为【半视图】(对话框如图 3-69 所示)，选择 ADTM 基准平面作为参照平面，将对称线标准设置为【对称线】，单击【应用】按钮。

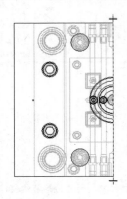
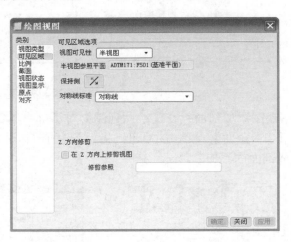

图 3-69 【绘图视图】→【可见区域】对话框

(4) 设置视图显示状态：将【显示线型】设置为【无隐藏线】，将【相切边显示样式】设置为【无】，单击【应用】按钮，再单击【关闭】按钮关闭对话框，则俯视图效果图如图 3-69 所示。

6. 插入另一半俯视图

(1) 插入俯视图：在绘图界面空白处右击，在右键菜单中选择【插入普通视图】命令，单击鼠标左键指定视图放置位置，系统打开如图 3-67 所示对话框，选择 OBEN 视图，单击【应用】按钮完成俯视图的创建。

(2) 设置可见区域：在【绘图视图】对话框中单击【可见区域】，将视图可见性设置为【半视图】，选择 ADTM 基准平面作为参照平面，单击按钮切换保持侧，将对称线标准设置为【中心线】，单击菜单【应用】按钮插入另一半俯视图。

(3) 遮蔽元件：在【绘图视图】对话框中单击【视图状态】，将【简化表示】设置为01-MOVING_HALF，即显示动模侧零件，同时定模侧零件就被遮蔽了。再单击【应用】按钮，完成设置，如图 3-70 所示。

(4) 修改原点坐标，将两个半视图对齐：双击左半视图，出现图 3-69 绘图视图对话框，单击【原点】选项，记录【页面中的视图位置】X 及 Y 数值，关闭对话框。接着，双击右半视图，在图 3-70 打开的【绘图视图】对话框中单击【原点】选项，将原点设置成相同数值，则两半俯视图将对齐，其效果图如图 3-71 所示。

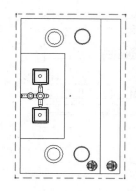
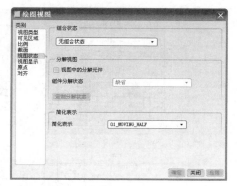

图 3-70   【绘图视图】→【视图状态】对话框

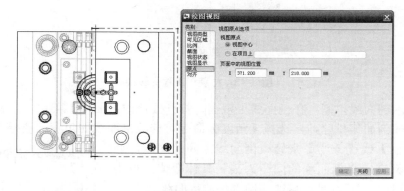

图 3-71   【绘图视图】→【原点】对话框

7．修改剖面线

一般在注射模总装配工程图的剖视图上简化画法可不画剖面线。在剖面线上双击，即可打开【修改剖面线】菜单管理器，如图 3-72 所示，选择【拾取】命令，框选视图，选择【排除】命令，则该视图中的剖面线不再显示，结果如图 3-72 所示。最终视图如图 3-73 所示。

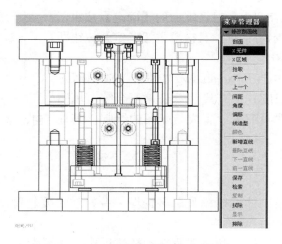

图 3-72   【修改剖面线】菜单管理器

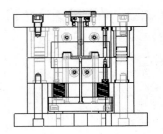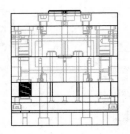

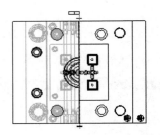

图 3-73　总装配工程图转换

若需显示剖面线，则可在剖面线上双击，打开【修改剖面线】菜单，选择【拭除】命令可将零件的剖面线拭除掉，选择【角度】命令可修改剖面线的角度，选择【间距】命令可通过【加倍】或【一半】来修改剖面线之间的间距，亦可通过【值】来定义剖面线的间距为某一具体数值，单击【下一个】命令可切换零件以修改不同零件的剖面线。

8．尺寸标注、技术要求及标题栏填写

9．另存为 DWG 格式

还可将 Pro/E 工程图档案转换为 AutoCAD 档案进一步完善图纸。

(1) 选择【文件】→【保存副本】命令，将【类型】设置为 DWG，单击【保存副本】对话框中的【确定】按钮，系统弹出如图 3-74 所示对话框，直接单击【确定】按钮即可完成 DWG 文件的输出。

(2) 在 AutoCAD 中打开 anjian.dwg 文件，对其进行进一步的修改，标注出长度、宽高尺寸及公差配合等，填写好技术要求，填好零件明细表，完成装配图的绘制，其他零件图亦可使用相同方法获得图纸。

图 3-74　【DWG 的导出环境】
对话框

三、任务要求

(1) 完成任务 1 绘制的注射模具总装配图，并标注主要轮廓尺寸及技术要求，明细表、标题栏符合国家标准；

(2) 绘制该模具型腔、型芯零件工程图，标注尺寸、公差及技术要求。

四、注意事项

(1) 指导老师进行现场理实一体化教学，学生一人一台电脑在模具设计中心完成任务，同时要求学生 4 人一组进行互评、互助。

(2) 注意电脑操作规范，注意定时保存文件，防止误操作丢失文件。

(3) 认真学习并严格遵守操作规程，主动维护学习场所安全、卫生。

五、任务考核

任务考核标准如表 3-4、表 3-5 所示。

表 3-4　职业素养考核要求与评价标准

考核内容	权　重	考核标准
团队精神	30%	能够与学员保持良好的合作关系，协助完成工作
安全意识、环境保护意识	30%	认真学习必须而有效的安全知识和技能，掌握基本的安全科学技术知识和方法，主动维护生活、学习场所安全
责任心	20%	认真负责，有主人翁意识
职业行为习惯	20%	能认真学习并严格遵守操作规程，认真研修知识、技能的每个细节

表 3-5　简单二板式注射模具工程图考核要求与评价标准

考核内容	权　重	考核标准
模具总装配图	50%	视图完整，布局合理，装配关系表达清晰；标题栏符合国家标注，明细表完备；标注总体尺寸完整，公差及技术要求合理
型腔零件二维工程图	25%	视图完整，布局合理；尺寸、公差、表面粗糙度标注齐全、合理；标题栏、图框符合国家标准；技术要求合理
型芯零件二维工程图	25%	视图完整，布局合理；尺寸、公差、表面粗糙度标注齐全、合理；标题栏、图框符合国家标准；技术要求合理

小　　结

注射成型的原理是将熔融树脂射出于模具的型腔中，置换型腔中的空气，使充填的树脂冷却固化而得成型品，而且其成型常以大量生产为前提，要求高度的生产性。

本项目详细介绍了简单两板式注射模具的典型结构及工作原理。同时，详细讲解了运用 Pro/ENGINEER EMX 6.0 进行注射模具设计，包括添加标准模架、定义浇注系统、添加标准元件、添加顶出机构、添加冷却系统、调入锁模螺钉等零件，模拟开模过程并进行干涉分析等。

利用 Pro/ENGINEER 软件进行注塑模具设计时一定要结合注塑模的相关知识，合理进行分型面设计。

练　习

1．按照图 3-75 塑件三维零件图(源文件在下载文件 test\ch3\lianxi3\1 中)进行一模四穴注射模具设计。

图 3-75　塑件三维图

2．按照图 3-76 塑件三维零件图(源文件在下载文件 test\ch3\lianxi3\2 中)进行一模二穴注射模具设计。

图 3-76　塑件三维图

3．按照图 3-77 塑件三维零件图(源文件在下载文件 test\ch3\lianxi3\3 中)进行一模四穴注射模具设计。

图 3-77　塑件三维图

4．按照图 3-78 塑件三维零件图(源文件在下载文件 test\ch3\lianxi3\4 中)进行一模四穴注射模具设计。

图 3-78　塑件三维图

5. 按照图 3-79 塑件三维零件图(源文件在下载文件 test\ch3\lianxi3\5 中)进行一模二穴注射模具设计。

图 3-79　塑件三维图

6. 按照图 3-80 塑件三维零件图(源文件在下载文件 test\ch3\lianxi3\6 中)进行一模二穴注射模具设计。

图 3-80　塑件三维图

项目 4　Pro/ENGINEER EMX 6.0 带滑块侧抽芯两板式注射模具设计

【教学时数】 20 学时

【培养目标】

能力目标

(1) 会对带倒钩的塑件进行分型面设计。

(2) 会运用 Pro/E EMX 6.0 进行带滑块侧抽芯两板式注射模具设计。

知识目标

(1) 掌握带滑块侧抽芯两板式注射模具典型结构。

(2) 掌握带滑块侧抽芯两板式注射模具参数设置。

【教学手段】 任务驱动、理实一体化教学

【教学内容】

任务　电池后盖带滑块侧抽芯两板式注射模具设计

【任务提出】

根据项目 3 中的任务 6 电池后盖塑件进行注射模具设计。塑件材料：ABS，收缩率 0.5%，尺寸精度 MT7。

【相关知识】

斜导柱侧向分型与抽芯机构是在开模力或推出力的作用下，斜导柱驱动侧型芯完成侧向抽芯或侧向分型的动作。由于斜导柱侧向分型与抽芯机构结构紧凑、动作可靠、制造方便，因此，这类机构应用最广泛。由于受到模具结构和抽芯力的限制，该机构一般使用于抽拔力不大且抽芯距小于 60～80mm 的场合。

如图 4-1 所示为常用的动模斜导柱滑块，模具在打开时，斜导柱与滑块产生相对运动趋势，使滑块沿着开模方向以及水平方向进行移动，使之脱离倒钩区域。

- $a°$：导柱倾斜角度，一般在设计时取 $a° ≤ 25$，最常用的是 $12° ≤ a° ≤ 25°$，角度越大滑块在开模过程中所得到的行程越大。
- $a'°$：滑块销紧块倾斜角度，$a'° = a° + 2～3$，其作用是为了防止滑块受到胀模压力而位移，起定位作用。图 4-1 所示结构直接在定模板上设置倾斜角度。
- S'：倒钩距离。
- S：滑块水平移动距离，$S = S' + 2～3$，保证将滑块完全抽离倒钩区域。

- **T**：滑块水平移动安全，$T=S+2\sim3$，T 值不能太大，太大容易导致斜导柱在合模时与滑块发生碰撞，太小则不能将滑块完全抽离倒钩区域。
- **D**：斜导柱直径。
- **R**：R 角的作用是使斜导柱与滑块在配合时能顺利入位，$R>1$。

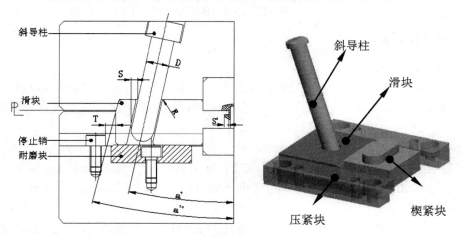

图 4-1　动模斜导柱滑块

【任务实施】

一、任务要求

根据项目 3 中的任务 6 电池后盖塑件进行滑块设计，已经完成的分模设计文件在 ch4\dianchigai 中，如图 4-2 所示。塑件材料：ABS，中等生产批量，收缩率 0.5%，未注尺寸公差精度 MT7。

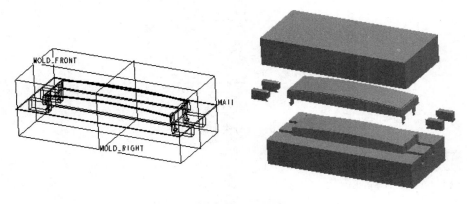

图 4-2　电池后盖塑件分型面设计

二、实施步骤

1. 设置工件目录

新建文件夹(如 F:\Aanjian)，将工作目录设置到新建的文件夹中。将项目 2 中任务 8 分模后生成的所有文件复制到该文件夹中。

2．创建模具分型面，并初步选择模架

分型的创建已在项目二任务 8 中完成。

初步选择模架：查表 3-1，初选 FUTABA 标准模架 SC 型 4320－60－70－50。

3．新建 EMX 项目

1）新建 EMX 项目

单击下拉菜单 EMX 6.0/项目/【新建】命令，设置【项目名称】为 dianchigai，将单位设置为【毫米】，项目类型为【组件】，单击对话框下方的 ✔ 按钮。系统自动创建 EMX 组件。

2）装配分模组件

在 EMX 组件窗口单击 装配按钮。在【打开】对话框中选择 dianchigai.asm 组件将其打开，分别点选 dianchigai.asm 组件坐标系和 MOLD_DEF_CSYS 坐标运用坐标系装配。

3）元件分类

对装配组件中的各个零件进行分类(如 Slide_Left 即左滑块应插入动模)，选择菜单中的 EMX 6.0→【项目】→【分类】命令，打开【分类】对话框，如图 4-3 所示，设置对话框，对所有零件进行正确的分类后，单击 ✔ 按钮完成分类设置。

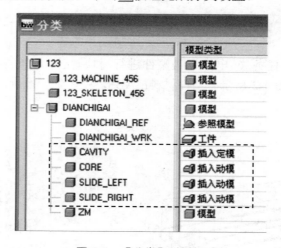

图 4-3　【分类】对话框

4．添加标准模架

添加 FUTABA_S 标准模架 SC 型 4320－60－70－50。

5．添加滑块系统

1）建立滑块坐标系

首先在滑块体积块上建立基准点 APNT32。单击工具栏中的【基准点】按钮 ，选择图 4-4 所示型芯(core)边线，选择【偏移】比率为 0.5，单击【确定】按钮。

单击【坐标系工具】按钮 ，依次选取：①基准点 APNT32；②型芯的上表面——Z

轴法向平面；③型芯的右表面——X 轴法向平面，如图 4-5 所示。

注意：X、Y、Z 三轴的方向。

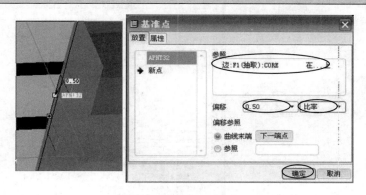

图 4-4　【基准点】对话框

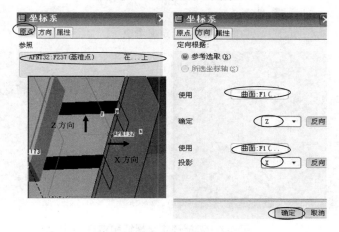

图 4-5　建立滑块坐标 SLIDER_21

2) 定义滑块

单击【定义滑块工具】按钮，选取滑块坐标系 SLIDER_21，选择 A 板(定模板)上表面作为斜导柱的放置平面，选择 B 板(动模板)的上表面作为分割平面，定义滑块，如图 4-6 所示，单击【确定】按钮。

3) 装配滑块抽芯机构的自动螺钉与销钉

选择菜单中的 EMX 6.0→【库元件】→【装配预定义的元件】命令，分别单击两侧的压紧块以及楔紧块耐磨块，这时压紧块及楔紧块耐磨块上会自动产生螺钉和销钉的过孔，如图 4-7 所示。

4) 装配滑块停止销(M6 的螺钉)

(1) 首先打开滑块耐磨块，将其长度修改为 50(原长度为 71)，这样做的目的是为了便于安装滑块停止螺钉。

(2) 接着在滑块耐磨块后方的型芯上表面建立基准点 APNT33。单击工具栏中的【基准点】按钮 ×× ▸ ，选择图 4-8 所示型芯上表面，偏移参照如图 4-8 所示，单击【确定】按钮。

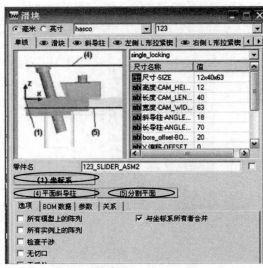

图 4-6　定义滑块

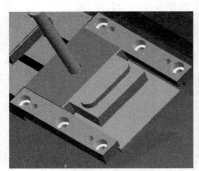

图 4-7　装配预定义螺钉和销钉

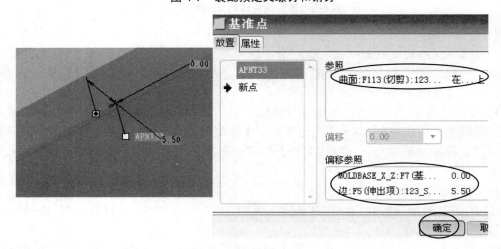

图 4-8　基准点绘制

(3) 接着选择 EMX 6.0→【螺钉】→【定义】命令，系统弹出【螺钉】对话框，输入

【直径】为 6，选中【一块板】复选框，接着选取基准点 APNT33，单击型芯上表面，单击
【确定】按钮，如图 4-9 所示。

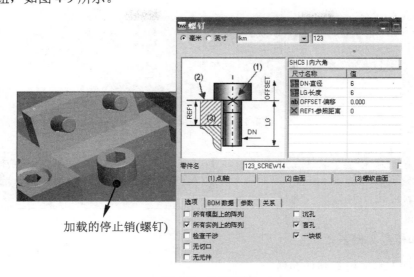

图 4-9　加载螺钉

5) 加载楔紧块锁模螺钉(见图 4-10)

6) 加载另一侧的斜导柱滑块系统

(1) 定义滑块坐标系统：如图 4-11 所示 SLIDER_31。

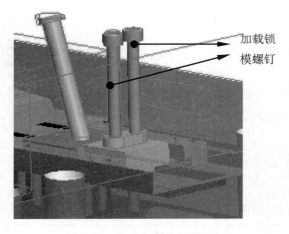

图 4-10　加载楔紧块锁模螺钉

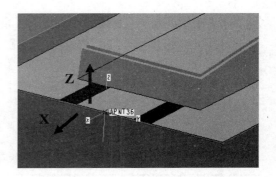

图 4-11　定义另一侧滑块坐标系统

(2) 加载斜导柱滑块系统：

选择 EMX 6.0→【滑块】→【装配为副本】命令，然后选择上一个滑块系统的坐标系
SLIDER_21，再选择刚刚定义的滑块坐标系统 SLIDER_31，选择 A 板(定模板)上表面作为
斜导柱的放置平面，选择 B 板(动模板)的上表面作为分割平面，单击【确定】按钮。这样
定义的滑块参数与上一个滑块一致。结果如图 4-12 所示。

图 4-12　加载的滑块系统

> **注意**：修改滑块只需选择 EMX 6.0→【滑块】→【修改】命令，再选取滑块坐标系即可进入【滑块】对话框。若需删除滑块，则选择 EMX 6.0→【滑块】→【删除】命令，再选取滑块坐标系即可删除该滑块。

6．添加模具其他系统

参照项目 3 添加模具其他系统。

三、任务要求

根据项目 3 中的任务 6 电池后盖塑件进行滑块设计。塑件材料：ABS，中等生产批量，收缩率 0.5%，未注尺寸公差精度 MT7。

四、注意事项

(1) 指导老师进行现场理实一体化教学，学生一人一台电脑在模具设计中心完成任务，同时要求学生 4 人一组进行互评、互助。

(2) 注意电脑操作规范，注意定时保存文件，防止误操作丢失文件。

(3) 认真学习并严格遵守操作规程，主动维护学习场所安全、卫生。

五、任务考核

任务考核标准如表 4-1、表 4-2 所示。

表 4-1　带滑块二板式注射模具设计操作规范考核要求与评价标准

考核内容	考 核 点	权　重	考核标准
带滑块二板式注射模具设计操作规范(100%)	任务分析	20%	根据产品用途，选择塑件材料，分析塑件成型工艺，塑件的结构工艺性及模具的总体结构合理
	工艺方案确定	30%	型腔的布局合理，模具各部分结构合理，性价比高
	注射成型设备的选用	20%	注射成型设备的选用正确
	三维软件运用	30%	电脑操作规范，文档的存储正确，三维软件运用准确

表 4-2　带滑块二板式注射模具设计作品考核要求与评价标准

考核内容	考核点	权重	考核标准
带滑块二板式注射模具设计(100%)	分模	10%	分型面设计正确、合理，型芯及型腔结构工艺性合理
	总体结构设计	25%	按塑件要求设置了合理的收缩率，毛坯尺寸合理，按要求确定型腔数目，模架型号选择合理，模具符合注射机闭合高度，凸、凹模固定板结构合理，各模板厚度、间隙等结构合理
	斜导柱滑块系统	35%	斜导柱滑块系统设计正确，结构合理
	顶出系统设计	10%	顶杆、复位杆、拉料杆位置、型号、数量合理，顶杆行程合理
	冷却系统设计	10%	水路设置合理，不干涉，水管接头选择合理
	浇注系统设计	10%	主流道、浇口、分流道及冷料井位置、形状、大小合理

小　　结

本项目介绍了带滑块侧抽芯两板式注射模具的典型结构及工作原理。同时，详细讲解了运用 Pro/E EMX 6.0 进行带滑块侧抽芯两板式注射模具设计。

本项目的难点是添加滑块系统，要在掌握带滑块侧抽芯两板式注射模具的典型结构及工作原理的前提下进行滑块系统的设计，正确设置模具各零部件的参数，设计中注意不要缺漏零件。

练　　习

1. 按照图 4-13 塑件三维零件图(源文件在下载文件 test\ch4\lianxi4\1 中)进行一模二穴分模设计。塑件材料：ABS，收缩率 0.5%，尺寸精度 MT7。

图 4-13　塑件三维图

2. 按照图 4-14 塑件三维零件图(源文件在下载文件 test\ch4\lianxi4\2 中)进行一模二穴分模设计。塑件材料：ABS，收缩率 0.5%，尺寸精度 MT7。

3. 按照图 4-15 塑件三维零件图(源文件在下载文件 test\ch4\lianxi4\3 中)进行一模二穴分模设计。塑件材料：ABS，收缩率 0.5%，尺寸精度 MT7。

图 4-14 塑件三维图

图 4-15 塑件三维图

4. 按照图 4-16 塑件三维零件图(源文件在下载文件 test\ch4\lianxi4\4 中)进行一模二穴分模设计。塑件材料：ABS，收缩率 0.5%，尺寸精度 MT7。

图 4-16 塑件三维图

5. 按照图 4-17 塑件三维零件图(源文件在下载文件 test\ch4\lianxi4\5 中)进行一模二穴分模设计。塑件材料：ABS，收缩率 0.5%，尺寸精度 MT7。

图 4-17 塑件三维图

参 考 文 献

[1] 林清安. 完全精通 Pro/ENGINEER 野火 5.0 中文版模具设计基础入门[M]. 北京：电子工业出版社，2011.

[2] 周金华. Pro/E Wildfire 5.0 造型及模具设计实战视频精讲[M]. 北京：电子工业出版社，2013.

[3] 王红春，余立华. Pro/E 项目式教程：模具设计篇[M]. 武汉：华中科技大学出版社，2011.

[4] 林清安. 完全精通 Pro/ENGINEER 野火 5.0 中文版零件设计基础入门[M]. 北京：电子工业出版社，2010.

[5] 梁明昌. 注塑成型工艺技术与生产管理[M]. 北京：化学工业出版社，2014.

[6] 郭晓俊，孙江宏. Pro/ENGINEER Wildfire 3.0 中文版模具设计基本设计与案例实践[M]. 北京：清华大学出版社，2007.